编写人员

主　　编　李希荣

副 主 编　薛素文　刘强德

参　　编 （按姓氏笔画排序）

于　红	于　莹	马　征	王　森	王春洪	王荣华
王彦君	王晓冰	王晓宇	邓学峰	石守定	田晓娜
付龙霞	吕淑艳	朱连德	刘　刚	刘丹丹	刘俊岭
刘爱巧	李　佳	李　菲	李　蔚	李冬津	李育林
杨　平	杨　菲	杨尤同	张晓峰	张海庆	陈　敏
范天铭	周兴付	周春华	赵　印	赵　航	赵一宁
姜晓鹃	祝世雄	袁亚轩	莫金枝	贾艳艳	殷晨义
高　菲	高海军	高继伟	曹　展	颉国忠	韩玉国
程玛丽	舒鼎铭	腰文颖	满少鹏	樊　伟	鞠铁柱

指导专家　陈一飞　李奇峰　余礼根　冯泽猛　张　帅

改革开放 40 多年来，我国畜牧业经过长期持续发展，已逐步成长为保障国家食物安全、构建新发展格局的战略产业，推动区域经济发展、促进农牧民增收的支柱产业，集成各领域先进技术装备、融汇多方面优势资源要素的综合产业，并将为深入推进乡村振兴战略发挥重要先导作用。

2021 年，我国进入"十四五"时期，踏上全面实施乡村振兴战略、开启农业农村现代化的新征程。农业现代化是实现国家现代化的重要组成部分，而畜牧业现代化又是农业现代化的重要内容。当下，我国畜牧业正处在转型升级的关键阶段，畜牧业的转型，除了现代化还应该赋予其智能化、品牌化、标准化的意义，而智能化对于标准化和品牌化的建设均具有重大意义，已形成全球共识。

近年来，非洲猪瘟在国内的发生，持续影响着肉蛋等主要畜产品的市场行情变化及整个畜牧行业的发展走向。非洲猪瘟给养猪业造成冲击的同时，也给我国畜牧行业推进智能化提供了加速器。畜牧业的智能化转型升级已成为保障企业生产生物安全、提高质量效益和竞争力的有力抓手。中国畜牧业协会智能畜牧分会的成立，则标志着我国智能畜牧业进入了一个新的发展阶段，是我国智能畜牧业发展历程中的又一座里程碑，填补了我国畜牧行业在这一领域的空白。

《中国智能畜牧业发展报告》的编制工作由中国畜牧业协会智能畜牧分会发起，得到了全国各智能畜牧相关企业及相关科研单位的积极参与和鼎力支持，感谢北京农信互联科技集团有限公司、江苏深农智能科技有限公司、北京国科蓝海科技有限公司、浙江华腾农业科技有限公司等单位的倾力相助。本书以大量数据和事实为基础，梳理了近期我国畜牧生产中涌现出的智能产业范例，对于进一步做好智能畜牧科技成果的宣传和推广工作，推动人工智能技术在养殖领域的广泛应用，促进智能畜牧科技成果转化和技术转移，发挥科技对畜牧产业的支撑作用具有重要的参考价值。

我相信，在社会各界的关心支持及业界同仁的共同努力下，我国畜牧业必将稳步驶入"智能化"发展高速快车道，为构建现代化农业发展新格局、满足人民对美好生活的向往、促进经济社会稳定和健康发展不断做出新贡献。

中国畜牧业协会会长　李希荣

2022 年 3 月

畜牧业是关系国计民生的重要产业，近年来，我国畜牧业综合生产能力不断增强，在保障国家食品安全、繁荣农村经济、促进农牧业增收等方面发挥了重要作用。

《国务院办公厅关于促进畜牧业高质量发展的意见》明确提出，要提升畜牧业信息化水平，加强大数据、人工智能、云计算、物联网、移动互联网等技术在畜牧业的应用，提高圈舍环境调控、精准饲喂、动物疫病检测、畜禽产品追溯等智能化水平，推进畜禽养殖的全链信息化封闭管理，以精细数据为基础，为养殖场户提供技术、营销、金融等服务。推进畜牧业数智化，已经上升为国家战略。

"十四五"规划中提出，促进农业高质量发展，提高竞争力。对畜牧业而言，高质量的畜牧业发展目标，是要畜牧业整体竞争力稳步提高、动物疫病防控能力明显增强、绿色发展水平显著提高、畜禽产品供应安全保障能力大幅提升。

科技蓬勃发展，数字化逐渐进入各行各业，技术的加持也使畜牧行业正站在一个全新的转折点上。智能畜牧并非凭空出现，时代背景赋予了它可能性和必要性。可能性在于我国新型基础设施建设逐渐完善，第五代移动通信系统（5G）、物联网、人工智能、工业互联网等渐成系统。必要性则是非洲猪瘟和新冠疫情冲击带来的结果。非洲猪瘟对全球生猪产业造成了极大影响，养殖的高成本与猪价的下降矛盾重重，占据中国畜牧市场半壁江山的生猪产业进一步波及畜牧行业，而新冠疫情则进一步推动无人化养殖成为时代的需求。

随着"新基建"在畜牧领域的落地和实施，养殖数字化和智能化的发展速度会加快，产业一体化的融合趋势会进一步加强。如今，智能畜牧已经进入改造传统行业的新发展阶段。

近年来，畜牧业向着规模化、集约化、专业化的方向快速发展，尤其是生猪产业，表现尤为突出。数智养猪通过人工智能、物联网、大数据等技术加速推进猪场向标准化、无人化过渡，也给未来无人猪场以充分的想象空间。在这片蓝海市场上，当下正在发生的变革与我们翘首以盼的未来将颠覆整个生猪养殖行业。

从脱贫攻坚到乡村振兴，从全面小康到农业农村现代化，2021年是"十四五"开局之年，也是农业农村现代化进入快车道的关键之年。乡村振兴关键是产业振兴。建设现代畜牧业，信息化、自动化、智能化是不可或缺的核心内容，是当今和未来产业发展的方向，也是当前畜牧业产业科技进步、产业创新驱动的重要努力方向之一。从目前智能畜牧的实践看，将人工智能与各个畜种结合在一起，通过计算机、互联网、物联网、大数据、云计算等新一代信息技术的链接实现养殖效率的大幅度提升，对进一步提升我国养殖业全要素生产力、资源利用率和市场竞争力具有十分重要的意义，也必将惠及我们广大的农牧民和城乡居民。

从畜牧业数字化的角度来看，加快推进畜牧业智能化生态发展，目前最有效的手段和措施是，提升生物安全管理水平，增强重大疫病防控能力，提高精细化的管理水平，有效降本增效和控制成本，提高劳动生产率和资源利用率，提升经济效益和市场竞争力。

回顾过去，畜牧智能化的发展路径与中国畜牧业的发展环环相扣，相互促进，协同发展；展望未来，在畜牧养殖行业的发展中要看见数智价值，开拓创新、融合共生。技术在进步，行业在前行，畜牧业智能化的新时代已到来。

数智畜牧，万物互联，道阻且长，行则将至，行而不辍，未来可期！

中国畜牧业协会智能畜牧分会　会　长

北京农信互联科技集团有限公司　董事长　　薛素文

2022 年 3 月

CONTENTS 目 录

序言一

序言二

总 论

智能猪业篇

总　　论

论畜牧业数智化和品牌的关联及意义

刘强德　中国畜牧业协会副秘书长

习近平总书记在党的十八大报告中提出：人民对美好生活的向往就是我们的奋斗目标！

党的十九大报告指出：中国特色社会主义进入了新时代，我国社会主要矛盾已经转化为人民日益增长的美好生活需要和不平衡不充分的发展之间的矛盾。社会主要矛盾的变化是关系全局的历史性变化，要求我们在继续推动发展的基础上大力提升发展质量和效益，更好满足人民日益增长的美好生活需要。农业、农村、农民问题是关系国计民生的根本性问题，必须始终把解决好"三农"问题作为全党工作重中之重，实施乡村振兴战略。2017年中央农村工作会议提出走中国特色社会主义乡村振兴道路，要按照产业兴旺、生态宜居、乡风文明、治理有效、生活富裕的总要求，让农业成为有奔头的产业，让农民成为有吸引力的职业，让农村成为安居乐业的美丽家园。2018年2月4日，《中共中央　国务院关于实施乡村振兴战略的意见》正式发布。

2020年农业农村部1号文件《农业农村部关于落实党中央、国务院2020年农业农村重点工作部署的实施意见》（农发〔2020〕1号）指出：坚持新发展理念，坚持稳中求进工作总基调，以实施乡村振兴战略为总抓手，深化农业供给侧结构性改革，推进农业高质量发展，突出保供给、保增收、保小康，着力稳定粮食生产，抓好生猪稳产保供，促进农民持续稳定增收，稳步推进农村改革，保持农村社会和谐稳定，毫不松懈、持续加力，发挥好"三农"压舱石作用，为确保经济社会大局的稳定提供有力支撑。

新形势下，农业主要矛盾已经由总量不足转变为结构性矛盾，主要表现为阶段性的供过于求和供给不足并存。推进农业供给侧结构性改革，提高农业综合效益和竞争力，是当前和今后一个时期我国农业政策改革和完善的主要方向。

十九届五中全会通过了《中共中央关于制定国民经济和社会发展第十四个五年规划和二〇三五年愿景目标的建议》，文件指出，要加快数字化发展即发展数字经济，推进数字产业化和产业数字化，推动数字经济和实体经济深度融合，打造具有国际竞争力的数字产业集群。

乡村振兴是"三农"工作的抓手，产业兴旺是乡村振兴的抓手，品牌强盛是产业兴旺的抓手，数智赋能是品牌建设的抓手。

对中国农业企业而言，数智化既是全新机遇，也是全新的挑战，更给我们农业企业家带来新一轮的焦虑与压力。企业家过去的焦虑和压力主要来自经济下行及国际市场环境的急剧变化与不可预测，但从2020年至今，企业家又增添了两大新焦虑：一个是从2020年开始的新冠疫情给企业带来的经济压力，许多企业家面临企业生产停顿、现金流短缺的焦虑；另一个是疫情加速了对大数据的认知，催生了数字化的加速应用，企业家普遍认识到数字化转型是大趋势，但要不要快速跟进，如何转型，如何投入，投入多少，许多企业家心里没底。

首先，我们要明确数智化是一种技术与工具的应用，还是意味着人类社会进入了一个全新的时代？如果只是一种新技术或工具的应用，企业可选择可用可不用，或观望一段时间择机再用；如果数智化是一个新时代，是大势所趋，未来的企业就是数智化的企业，企业必须快速跟进，尽早布局并有所作为。

回顾人类文明的发展进程，总体来说，可分为三大阶段：农业文明阶段、工业文明阶段和数字化、智能化文明阶段。前两个阶段距今大概分别有 3 000 年和 300 年的历史，而智能文明发展至今，仅有五六十年的时光，其中，真正的数字化、智能化发展不过十几年。在农业文明时代，中华民族可能领先了一大半，而中国企业没有跟上工业文明的步伐，整体落后了一两百年。但是，从某种意义上说，我们在数字化时代与世界是同步的，而且在应用层面还具有一定的超前性，实现了加速应用。

我们不能仅仅将数字化与智能化当成一种技术或者工具的应用，数字化与智能化代表了一个全新时代的到来，它是适应现代海量的、碎片化、实时性、多场景客户需求的价值创造与获取方式的革命，是农牧生产与品质生活的"人、机、物"三元融合的新的生产方式、新的产业组织方式，甚至是新的生活方式。它关乎国运，关乎民族复兴，关乎产业的重构与升级，关乎中国农牧企业的全球竞争力。

从 1G 到 4G，互联网解决了人与人的连接问题。而 5G 技术是数字化、智能化的基础工程，它开启了新的万物互联的时代，其协同机制、灵活的场景为数字化、智能化开创了无限可能。基于 5G 技术，计算的重心已慢慢转向人工智能（artificial intelligence，AI），确确实实地在农牧业高效生产和农牧品牌建设中创造了价值。连接和计算需要与行业进行深度结合，找到可以落地的场景，对准生产系统中的痛点，通过信息通信领域技术（ICT）和行业知识的结合，快速创造价值。

习近平总书记强调，要推动互联网、大数据、人工智能和实体经济深度融合，加快推动农业数字化、网络化、智能化。《中共中央 国务院关于实施乡村振兴战略的意见》《数字经济发展战略纲要》提出，要大力发展数字农业，实施数字乡村战略，推动农业数字化转型。

作为农业和农村经济的重要组成部分，中国畜牧业发展在"双循环"战略格局下正面临新的形势，需要利用现代信息技术加速转型升级，实现由传统向现代、由粗放到精细、由低效向高效的高质量发展。

我们要有"中台"思想，就是以聚合、高效、共享、赋能去构建全新的农牧业平台。特斯拉能够成立目前市值最高的汽车企业是因为它建立了具有创新性的商业模式，颠覆传统的汽车制造行业，让产业竞争的核心要素发生转变（电池容量和无人驾驶技术）。未来的农业企业也会像特斯拉一样，所有的要素都会发生变化，大数据和品牌将成为竞争核心要素。

1 畜牧业的转型机遇

目前畜牧业到了新的转型升级的节点，从散养到规模化、标准化、现代化，再到智能化、信息化（量变到质变）。从经营角度讲，适度规模化、标准化，大势所趋；从生产角度讲，科学养殖是必然，减少饲料浪费，增加转换效率，从而让有限的畜禽生产出更多的肉蛋奶；从效能角度讲，畜牧业全链条的智能化、数据化，从面向群体的粗放式管理转为面向个体的精细化、及时化管理；从消费角度讲，供给侧结构性改革的新机遇，消费健康关注提升的新机遇（健康而有特色的肉蛋奶）；从营销角度讲，传统的大众消费转向抢占消费者心智的品牌战略。

2 智能畜牧业的发展历程、痛点和目标

2018 年，被业内人士誉为智能畜牧的元年，国内智能设备、系统生产企业和平台企业如雨后春笋般不断涌现，预示着国内畜牧业智能时代的正式开启。2018 年非洲猪瘟疫情暴发，使猪场要尽量减少人猪接触，加强生物安全管控措施，在这种情况下，基于大数据、人工智能、物联网技术的智能养猪受到越来越多的业内人士关注，进一步加快了养猪业智能化发展的进程。2020 年新型冠状病

毒肺炎疫情的暴发以及非洲猪瘟疫情的叠加，对农业全产业链构成了严重影响，同时也论证了智能化、无人化是未来农牧业发展的必然趋势。

所谓智能畜牧，是将畜牧生产过程中的饲喂、环控、穿戴、监测、称重等人为操作，用一系列相应的自动化硬件设备来替代，之后通过动物信息传感器、设施设备传感器、环境系数传感器等持续采集数据并上传到管理软件进行计算机存储、监测和智能分析，逐渐形成产业人工智能物联网（AIoT）系统来指导生产、提高效能。

目前，我们畜牧业信息化存在诸多的问题，如信息化的硬件设施薄弱，信息自动获取、共享程度低；信息融合、综合分析能力不够，信息利用率不高；动物生长机制与多元信息间的相互关系研究不够透彻；个人经验依赖度高，缺乏智能化养殖装备、智慧化生产设施；生产信息、管理信息和动物信息获取过程中存在大量依赖人工观测、录入的环节，还无法做到自动监测；存在大量信息孤岛，缺少信息化、数字化的管理手段；物联网的应用产生了大量的多元异构数据（视频数据、养殖数据、繁殖数据、饲喂数据），数据分析利用程度低等。

智能畜牧解决了两个问题：一是精细化管理。数据实时采集、分析和反控制能力，实现了从面向群体的粗放式管理到面向个体的精细化管理的转变，这是智能养殖的核心优势。二是数据的集成和数据的决策。在精细化管理的基础上，通过数据的分析、处理，建立算法模型，利用数据进行透明化、科学化的决策。这是智能养殖需要突破的，也是未来畜牧业智能化发展更重要的需求。借助ABCDER〔AIoT、Blockchain、Cloud、Data、Edge、AR/VR（增强现实/虚拟现实）〕等技术手段，自动采集整合牧场全流程环节各项数据，从而实现集团中心、基础数据管理、猪只系谱档案、猪只生产档案、精准饲喂、健康监测、繁殖管理、物资管理、自动称重分群、防疫诊疗、环境控制、智能提醒、统计与分析、销售记录、病死畜禽无害化处理记录等功能，对牧场进行全生命周期的监控、运营及事件预警。而这个过程中，机器自我学习是突破点：一是智能畜牧要实现软件系统与硬件设备能够按照不同的场景进行自主计算，并实现自主精准的决策和互动，最终达到智能化、无人化操作；二是构建精细化养殖模型，如精准饲喂模型、动物发情监测模型、疾病预警模型、环境控制模型等，修正人的经验，从而实现精细化管理。

如何推进畜牧行业的数智化进程？一是要加快智能解决方案的落地和成本；二是要在行业内树立标杆示范，并加强科普；三是聚合科研院校等资源，开展新型人才培养和技术指导工作；四是充分利用国家相关政策，促进数智化升级，如十九届五中全会《建议》中提出的"加快数字化发展"以及各级政府部门倡导的"新基建项目"。

新型基建项目，面向现代化建设和数字经济发展，支持数据的感知、连接、汇聚、融合、分析、决策、执行、安全等各环节运行，并提供智能化产品和服务，将5G、人工智能、工业互联网、云计算、物联网、区块链等领域结合，为新技术、新模式深度融合与系统创新创造了条件，带动社会经济效率提高、成本降低和高质量发展。发展新基建是国家推进数字经济的重要基石。新基建主要包括信息基础设施、融合基础设施和创新基础设施三方面。

3　农牧品牌的价值

十九届五中全会提出全面促进消费，增强消费对经济发展的基础性作用，顺应消费升级趋势，提升传统消费，培育新型消费，适当增加公共消费，以质量品牌为重点，促进消费向绿色、健康、安全方向发展，鼓励消费新模式、新业态的发展；加快构建以国内大循环为主体、国内国际双循环相互促进的新发展格局。我们要抓住扩大内需这个战略基点，全面促进消费，而畜牧品牌价值，就显得尤为重要了。

中国畜牧业协会会长李希荣在2019年5月18日中国畜牧业协会智能畜牧分会成立大会上提出：智能畜牧提高产业效能，品牌战略提升农业价值。

智能化、数字化解决行业的两个核心痛点：一是效率提升，包括基于大数据提升的企业资源计划（ERP）、精准化管理、数智科学决策、客户精准画像等；二是对品牌战略的意义，包括基于数字化进程形成的智能溯源，并由此衍生的新的商业模式，由传统的 B2B、B2C 转为 C2F（消费者反向定制）。

当前我们农牧业面临着诸多的挑战，如环保、疾病、人工成本、市场溢价、土地效率、消费信任危机、预判、数据、精准服务等；但同时也迎来极好的机遇，如消费升级、关注健康、溢价买单、渠道多样、物联网（Internet of things，IoT）、5G 等。我们农牧人要积极迎接挑战，抓住机遇，做好企业的战略新谋划。中国有句谚语：工欲善其事，必先利其器。对农牧企业家来讲，这个"器"就是品牌思维与战略。企业家与企业家最大的区别是认知的区别，这是最底层的商业逻辑，认知的改变将重构和再造商业结构。因此，农牧企业家一定要做好品牌战略谋划，"勿以战术上的勤快掩盖战略上的懒惰"。

的确，新型农牧业主体需要懂得品牌的规律，洞悉消费的升级需求，认清自己产品的优势，谋划好我们的农业品牌新战略。优秀的品牌，就是在同行中"一直被模仿，从未被超越"。农产品品牌，有着清晰的印记符号和特点，而我觉得，最核心的策划是做好消费群体定位及产品细分，"抢占消费者心理"。比如，在产品的选择上，要聚焦拳头产品，要确立战略大单品或明星产品；在产品的根基上，要为品牌找文化、找魂；在产品的特点上，要再造新品类，寻求差异化；在产品的营销上，要创新营销模式，要学会善用仪式营销和社群营销等模式。企业的产品很优秀，传播也很努力，但如何解决消费者信任危机？我们都想到了追溯体系。区别于传统的追溯体系，农牧企业更应该建立基于大数据、以区块链技术（blockchain）为支撑的智能溯源体系。区块链的技术特点是：去中心化，多点分布式记账，不可篡改等。智能溯源体系就是区块链思维加上防伪保真技术。以前商品从出厂到消费者中间环节信息不透明，无法追溯来源，智能溯源体系实现多方共同记录溯源信息，消费者可查询验证；以前商品供应链过程信息存在被篡改、被伪造的风险，智能溯源体系保证溯源信息一旦记录后无法被删除和篡改；以前发生商品质量或安全问题时难以回溯和追责，智能溯源体系在保证商业隐私的同时，支持全流程交易历史记录的审计、回溯。

智能溯源体系的应用价值，从消费端看：区块链溯源；一物一码，保真防伪；技术保障、质量第三方监管（如中检）；C2F，个性化定制，衍生新的商业模式。从企业管理方面看：ERP 管理，区块链管理帮助提升供应链效率，在供应链各环节流通，实现各环节数据的自动获取及统一管理，高效打通供应链各环节信息屏障；渠道商管理；客户画像管理及大数据；个性化定制，精准升级。

4 畜牧业数智化和品牌战略的愿景

基于数智化的大数据和区块链，形成农牧品牌生态体系：硬件设备、产业互联网系统构成了智能种养殖管理系统、（屠宰）加工系统、物流运输监管系统、园区管理系统和基于区块链技术的智能溯源系统，最终构建出一个种养殖环境舒适、个体生长健康、管理精细高效、产品安全放心、各环节可追溯、消费者信任的农牧品牌生态体系。

基于数智化和品牌战略，农牧企业应实现三大转型：一是从经营产品到经营客户价值，客户主要有三大价值：体验价值、多元价值和终生价值；二是从经营市场到经营数据，企业应把数字资产作为核心资产；三是从经营企业向经营生态转型。

5 小结

乡村振兴战略作为新时代"三农"工作的总抓手，是关系全面建设社会主义现代化国家的全局性、历史性任务。数字农业建设既是乡村振兴的战略方向，也是建设数字中国的重要内容，整体带动和提升农业农村现代化发展，为乡村经济社会发展提供强大动力。党的十九届五中全会明确提出，要强化农业科技和装备支撑，建设智慧农业，为助推数字经济与农业农村经济融合发展指明了方向。

习近平总书记指出，善于获取数据、分析数据、运用数据，是领导干部做好工作的基本功。各级领导干部要加强学习，懂得大数据，用好大数据，增强利用数据推进各项工作的本领，不断提高对大数据发展规律的把握能力，使大数据在各项工作中发挥更大作用。《中共中央　国务院关于抓好"三农"领域重点工作　确保如期实现全面小康的意见》提出依托现有资源建设农业农村大数据中心，加快物联网、大数据、区块链、人工智能、第五代移动通信网络、智慧气象等现代信息技术在农业领域的应用，开展国家数字农业试点。

数据是对过去和现在的记录，数据更是对未来的研判。

未来的时代是属于数字化的，我们农牧企业要顺应大势，加大数字化和信息化的投入，用数字化倒逼技术管理的提升，因为它是未来企业的必然选择，数字资产是企业的核心资产，数字化转型是企业的核心战略，海量数据、算力、算法将成为企业的新核心能力。

智能猪业篇

猪业智能化发展现状与趋势

在全球经济仍处于脆弱复苏的背景下，数字经济已经成为实现经济复苏、推动可持续发展的关键之举，成为有效推动经济高质量发展的新动能和新引擎，中国在奔向数字化时代的最前列。中国信息通信研究院发布的《全球数字经济白皮书——疫情冲击下的复苏新曙光》显示，2020年我国数字经济规模达到5.4万亿美元，位居世界第二，同比增长9.6%，位居全球第一。

2021年是"十四五"开局之年，中央1号文件明确提出要全面推进乡村振兴，加快农业农村现代化。其中，强调了坚持农业科技自立自强，用科技赋能，推进农业绿色发展等农业农村现代化发展方向。因此，农业领域数字化、智能化、生态化将成为推动农业绿色发展的重要引擎，更好地推动农业现代化发展，促进农业的新循环、国内经济的大循环。

同时，在我国生猪产能逐步恢复，生猪养殖开始在数智化阶段摸索前行的今天，原料价格和生猪价格的不确定性，生物安全风险的增加，使生猪行业面临着更大的挑战。如何在盈亏之间适应和把握行业变化方向；如何响应"保供给、促生产"等关键政策指示；如何抓住互联网、物联网、人工智能、新技术融入生猪养殖的机遇等，将是生猪企业提高综合生产能力和核心竞争力的关键。

2021年猪价低迷，伴随着生猪存栏的进一步恢复，我国生猪产业进入微利甚至亏损期。国家对数字化基础设施的扶持力度进一步加大，传统产业的数字化转型进入升级期。我国生猪产业经历环保、非洲猪瘟、猪周期的洗礼后，生猪产业数字化将进入快速发展期、数字化机遇期。

中国农牧行业正处在百年未有之大变局的关键时期，非洲猪瘟疫情常态化、行业低周期下，猪价跌宕起伏，农牧企业从传统经营过渡到数智化经营，搭建统一的数据中台，形成数据核心能力，发挥并实现数智价值，实现成本效率领先，是当下渡过行业周期低谷、迎来绝处逢生的机会。

中国正在步入数智养猪发展新时代：数智养猪打破行业边界，促进产业转型升级；数智技术成为构建养猪产业新格局的重要支撑；数智养猪加快实现养猪产业供需均衡；数智养猪支撑中国养猪企业国际化。

1 数智养猪概述

1.1 中国数智养猪简介

1.1.1 数智养猪定义

自2015年"数智化"的概念提出以来，对于数字化、数智化的定义和说法不一，本报告对此不做理论探索，根据产业现状，将数智养猪的范畴定义为：在以互联网、物联网、人工智能、大数据、云计算、区块链等为代表的数字技术支持下，充分发挥数字化基础设施信息收集、状态感知、实时分析、自我决策、精准执行、集成优化的功能，实现养猪业中猪场生产管理、交易、金融等多场景多应用流程的在线化、数字化、智能化与精准化，推动生产力提升和产业结构优化调整。

1.1.2 发展历程

受上游饲料企业的带动，我国养猪业最早的数智化体现在生产流程的在线化，最初的产品是猪场的在线化管理软件，包括猪场生产管理和猪场财务管理两部分。猪场员工通过生产管理软件输入种猪、育肥猪在配种、妊娠、分娩、断奶、免疫、保育等方面的信息，软件能够进行生产提示与警告，并形成生产报表。同时，基于生产数据，对猪场 PSY、毛利和成本等进行数据分析。发展至今，猪场的在线化管理软件可实现生产、进销存、财务等一体化、数字化管理。

中游猪场生产管理实现数字化后，为了使养殖户不仅能养好猪还能卖好猪，行业开始探索线上卖猪。在 2016 年，农信互联打造的生猪交易平台——国家生猪市场（state pig E-market，SPEM）应运而生，开创了我国生猪活体网市。

解决了卖猪难题后，2017 年，行业开始探索面向养殖场销售料、药、苗和耗材等的农牧电商平台，以解决中小散户购买养殖投入品链条长、成本高、质量无保障等问题。这类行业电商平台汇集了大量农牧投入品生产商、经销商和海量优质商品，能够为养殖户提供一站式采购服务，大大缩短了中间环节，降低了厂家与养殖户双方的交易成本。

生产管理、交易的在线化和数字化为金融服务提供了数据和场景，适配生猪产业的金融服务逐渐发展起来，针对生猪产业的信贷、保险、金融科技也发展起来了。

随着人工智能（AI）与物联网（IoT）技术的发展，以及非洲猪瘟在我国的传播，行业对生物安全的要求骤然提高，2018 年猪产业开始布局智能化养猪。一方面，不断有科技初创型企业将物联网、人工智能、算法等技术与猪产业结合，陆续推出猪场智能化解决方案，如智能饲喂、智能环控。另一方面，产业互联网平台企业，则致力于打造智慧养猪生态路由系统，即云平台。用平台的方式融和搭载、兼容行业中所有优秀的智能设备及人工智能算法，为养殖户提供系统的智能养猪解决方案。

环保压力、非洲猪瘟、新冠疫情、猪周期等使生猪行业近年来几经动荡，产业从业者越发认识到数智化升级是必经之路。为了避免行业外部因素的冲击和竞争对手的掣肘，越来越多养猪企业和提供数智养猪服务的公司不断延伸数智化在深度和广度的应用。一方面，有实力的产业主体争相布局全产业链；另一方面，全产业链一体化数智升级解决方案逐渐成熟。同时，针对中小规模主体的线上营销、在线订货、店铺管理等轻量化应用的普及推广，使其能更好地融入产业链。

1.2 数智养猪的相关政策

2019 年 9 月，国务院办公厅发布《关于稳定生猪生产促进转型升级的意见》（国办发〔2019〕44 号）明确指出需调整优化农机购置补贴机具种类范围，支持养猪场（户）购置自动饲喂、环境控制、疫病防控、废弃物处理等农机装备。同时，推动生猪生产科技进步，加快推进生猪全产业链信息化，推广普及智能养猪装备，提高生产经营效率。

2020 年 1 月 20 日，农业农村部、中央网络安全和信息化委员会办公室发布的《数字农业农村发展规划（2019—2025 年）》明确提出需加快畜牧业生产经营数字化、智能化改造，如建设数字养殖牧场、投入智能检测技术、构建数据联通库、搭建大数据建设项目等。

2020 年 2 月 17 日，农业农村部在《关于加快畜牧业机械化发展的意见》（农机发〔2019〕6 号）中强调推进机械化信息化融合，推进"互联网＋"畜牧业机械化，支持在畜禽养殖各环节重点装备上应用实时准确的信息采集和智能管控系统，支持鼓励养殖企业进行物联化、智能化设施与装备升级改造，促进畜牧设施装备使用、管理与信息化技术深度融合。鼓励、支持和引导畜牧养殖和装备生产骨干企业建立畜禽养殖机械化、信息化融合示范场，支持有条件的地方建设自动化、信息化养殖示范基地，推进智能畜牧机械装备与智慧牧场建设融合发展。推动畜牧业机械化大数据开发应用，为畜牧机械装备研发、试验鉴定、推广应用和社会化服务提供支持。

2020 年 9 月 27 日，中共中央、国务院在《关于促进畜牧业高质量发展的意见》（国办发

〔2020〕31号）明确提出要提升畜牧业信息化水平，加强大数据、人工智能、云计算、物联网、移动互联网等技术在畜牧业中的应用，提高圈舍环境调控、精准饲喂、动物疫病监测、畜禽产品追溯等智能化水平。加快畜牧业信息资源整合，推进畜禽养殖档案电子化，全面实行生产经营信息直联直报，实现全产业链信息化闭环管理。支持第三方机构以信息数据为基础，为养殖场（户）提供技术、营销和金融等服务。

2021年2月21日，《中共中央、国务院关于全面推进乡村振兴　加快农业农村现代化的意见》（2021年中央1号文件）中提到要依托乡村特色优势资源，打造农业全产业链，推进现代农业经营体系建设。

2021年7月7日，《农业农村部关于加快发展农业社会化服务的指导意见》（农经发〔2021〕2号）强调需要充分发挥农业社会化服务中先进适用技术和现代物质装备的重要作用，鼓励服务主体充分利用互联网、大数据、云计算、区块链、人工智能等信息技术和手段，对农牧业生产过程、生产环境、服务质量等进行精准监测，提升农业的信息化、智能化水平。

2021年8月7日，农业农村部、国家发展改革委、财政部等发布了《关于促进生猪产业持续健康发展的意见》（农牧发〔2021〕24号）强调建立生猪产业综合信息平台，并依托生猪规模养殖场监测系统，对各地规模猪场（户）数量进行动态监测，重点监测其生产经营变化情况，同时需要持续推进生猪产业现代化。协同推进规模养殖场和中小养殖场（户）的发展，建设现代生猪种业。该意见还着重明确需要稳定生猪生产长效性支持政策，包括稳定生猪贷款政策、完善生猪政策性保险等，并主张发挥企业主体作用，大力支持养殖企业转型升级，特别是要加强信息服务和技术指导，推动龙头企业以大带小、协同发展。鼓励各类市场主体面向中小养殖户加快建立现代化的生猪养殖体系、疫病防控体系和加工流通体系，促进绿色循环发展，提高产业发展质量水平，推进生猪产业现代化。这点与2021年10月22日农业农村部发布的《关于促进农业产业化龙头企业做大做强的意见》（农产发〔2021〕5号）中的核心内容互相呼应。

1.3 数智养猪产业图谱

数智养猪产业图谱			
领域	类别	主要产品及功能	典型企业
猪业互联网服务平台	猪场综合服务平台	提供猪场管理、投入品和活猪交易、供应链金融、多元社会化服务等	农信互联集团、不愁网……
	猪场管理软件	PC端软件和手机App，帮助猪场实现数据电子化及数据分析等增值服务	北京农信数智、微猪科技、上海麦汇信息、爱思农-银合、荷德曼、嘉吉、河南牧巢科技、天邦股份、渑池鑫地牧业、挺好农牧、小龙潜行、影子科技、铁骑力士、厦门物通博联、不愁网……
	涉猪电子商务平台	猪场投入品、活体生猪/白条/仔猪等在线交易平台	北京农信数智、不愁网……
猪场物联网平台与设备	物联网平台	智能硬件与软件服务、AI算法的集成，专注于养猪业，提供全套的智能猪场解决方案	北京农信数智、爱思农-银合、睿畜科技、富华科技、荷德曼、小龙潜行、河南讯飞、影子科技……
		智能硬件与软件服务的集成，在泛农业领域为客户提供综合性解决方案	挺好农牧、京鹏畜牧、普惠农牧、青岛小巨人、上海润牧、鲸洋畜牧、南商科技、云浮市物联网研究院……
	智能饲喂设备	各类猪群的自动饲喂设备，能够实现个体或小群的精准饲喂	深圳慧农科技、润农科技、京鹏畜牧、荷德曼、华丽科技、河南讯飞、智农农科、瑞昂畜牧、河南河顺、华诚智能、英孚克斯……

（续）

数智养猪产业图谱			
领域	类别	主要产品及功能	典型企业
猪场物联网平台与设备	智能环控设备	全套的智能环境监测、控制设备	科创信达、普立兹、荷德曼、爱思农-银合、智农农科、斯维垦、山东众润、美特亚、辽宁省鑫源温控、云浮市物联网研究院……
	智能穿戴设备	电子耳标、植入式芯片、电子医生等，识别猪只 ID，并监测猪只运动量、体温、健康状况和行为	富华科技、默沙东动保、影子科技、遨科智能……
	智能监测设备	猪场巡检机器人，集成多种传感器、探测器、生物雷达，做猪舍智能巡检	北京农信数智、睿畜科技、河南讯飞、烟台艾睿光电、沈阳西牧……
		便携式监测设备，如发情、膘情、精子质量、谷物成分监测设备等	北京深牧科技、烟台艾睿光电……
	传感器等其他设备	智能摄像头，帮助用户随时随地查看视频监控	睿畜科技、普立兹、海康威视、博诚鑫创、青岛联海兴业、智维电子……
		传感器，如各类温度、湿度、光学、力学、气体、指纹、磁场、位置传感器	富华科技、普立兹……
		智能网关、边缘计算、管理设备	富华科技、米文动力……
人工智能方案	整体解决方案	开源平台、深度学习算法、图片识别、机器翻译、语音识别、生物特征识别等 AI 算法整体解决方案	北京农信数智、爱思农-银合、睿畜科技、富华科技、小龙潜行、青岛联海兴业、北京深牧科技、艾佩克科技……
	视觉识别	利用视觉识别技术进行猪只计数；估算体长、体重、背膘等指标，猪只估重	北京农信数智、睿畜科技、云浮市物联网研究院、青岛联海兴业、PIC、河南讯飞、挺好农牧……
		利用视觉识别技术智能疾病诊断，监测猪只行为，结合行为学判断猪只健康状况	PIC、挺好农牧……
		监测猪场内的人、车、场、舍等，保障猪场安全	北京农信数智、荷德曼、青岛联海兴业……
	声音识别	结合动物行为学，利用声音识别技术判断动物生长和健康状况	河南讯飞、勃林格……
	人机交互	通过智能音箱实现人与设备的交互	北京农信数智……
其他领域	食品溯源平台	记录食品各个环节的食品质量安全	北京农信数智、天邦股份、河南讯飞……
	区块链技术	将区块链应用到食品溯源领域	北京农信数智、影子科技……
		将区块链应用到供应链金融	农信互联集团……
	粪污资源化利用	智能清粪、废弃物无害化处理及资源化利用	中农创达、智农农科、齐尚盛祥、斯维垦……
	其他	智慧能耗、车辆洗消、血液疫病检测等	青岛德兴源、慧怡科技、力之天、中正惠测、康尚生物、卡尤迪、山东施密特……

2 数智养猪应用场景

数智养猪的具体应用场景，从狭义来讲，是指数字化、智能化在养猪场的应用，特别是生猪生产过程中的应用，而从产业链角度来讲，还涉及交易、物流、产业金融和社会化服务等场景。

2.1 生猪生产管理

生猪生产管理环节的数智化应用，即狭义的数智养猪，随着越来越多的物联网设备、AI 算法的应用，以及数字化管理产品的优化升级，目前主要集中在养殖管理、巡检预警、环境控制、精准饲喂、盘点估重、远程卖猪、洗消监管、疫病监管、环保管理、能耗管理、代养管理、远程风控管理等方面。

养殖管理主要采用智能终端（智能背膘仪、智能 B 超、耳标读取器、智能卡钳等）对猪场生产数据进行采集和分析、任务派发与执行、事件预警与处理、场内巡检与通信、设备监测与管理等，实现对猪场日常生产的全流程管理，有效提升猪场管理水平。

巡检预警是通过 AI 视觉算法引擎，为猪场提供视觉监控、智能分析、数据预警、任务调度等数字化能力，基于生物安全和猪场物资安全，实现人、猪、车、物、场、设备等猪场智能巡检预警解决方案。

环境控制是通过传感芯片对猪舍温度、湿度、光照、氨气、二氧化碳、硫化氢等环境指标进行实时监测，根据栋舍环控曲线，下发控制指令，准确调控风机、水帘等设备，为猪只生长打造健康舒适的环境。

精准饲喂是通过制订精准饲喂曲线与采食计划，指导智能饲喂器，开启分餐模式、智能饮水、按阶段饲喂等功能，实现精准下料与数据采集。通过 AI 估重与采食数据计算肥猪料肉比，寻找最佳绩效。根据母猪不同背膘数据，提高猪只采食适口性和饲料最大利用率，实现母猪精准调膘。

盘点估重是以摄像头、地磅、过道秤等物联数据为基础，通过 AI 算法，采取非接触式影像采集，对猪只数量、生长状态、售猪磅重等进行实时监测，掌握猪场经营动态，减少人为盘点，杜绝猪只应激反应，解决数据采集不及时和不准确等问题。

远程卖猪是依托于猪场出猪流程，结合 AI 算法，通过 AI 摄像头和传感芯片，对出猪数量进行 AI 盘点、精准称重、猪只回流监测、行为异常预警、车辆轨迹追踪、车辆洗消监管，实现卖猪的远程化智能监控。

洗消监管是依托于猪场生物安全防控建设方案，结合 AI 算法，通过摄像头、智能门禁、智能淋浴及其他专业设备，对车辆、人员、物资、设备进行清洗、消毒、烘干处理，并结合智能预警规则，有效保障猪场内外生物安全。

疫病监管主要是根据猪只个体信息、采食、饮水、体温、防疫、免疫等核心数据，通过 AI 算法，结合集数据统计、分析、预警、防治于一体的猪只健康管理能力，实现猪只健康全天候立体化管理，有效控制猪场疫病风险，提高安全生产管理效率。

环保管理是采用环境监测技术、信息化平台架构能力以及成熟的业务应用经验，通过低成本、高密度布点实现对死猪无害化处理及对污水、沼气及气体排放等进行监测，实时采集环境质量、环境风险、污染源等信息，实现环境监管精准化、环保决策科学化，为企业构建全方位、多层次、全覆盖的智能环保管理平台，为环境管理主管部门打赢三大污染防治攻坚战提供强有力的技术支撑。

能耗管理是通过利用智能水表、电表等设备对猪场进行能耗数据监测，可生成水电的日、月、年度运行报表，有效实时掌握猪场内设备能耗数据，便于猪场进一步强化监督管理，建立和完善能效测评、能耗统计、节能管理等各项制度，帮助猪场管理者实现降低运行能耗、提高收益的目标。

代养管理是通过全流程生物安全监控预警、工作任务派发，实现猪只的日常盘点、饲喂、防疫、出猪、死淘等监管。有效解决生物安全管控、生产流程管理、物资供应保障、生物资产监管、无害化处理等。

远程风控管理主要是协同银行及类金融机构接入猪场养殖场景、生猪档案、进出栏监测、生物资产盘点、疫病监测、无害化处理等产业数据，建立风控模型和决策机制，从而达到最优的风控结果。

这一部分的典型案例有农信互联、扬翔股份、睿畜科技等。农信互联提供的猪小智系统集猪场任务、事件、巡检及数据可视化于一体，猪场员工可查看需完成的任务并进行操作。根据猪场生产业务环节，设置免疫、防治、采精、配种等12种事件，支持设备巡检、巡夜及突发报备，对巡检异常及时记录。通过连接智能设备进行人、猪、车等行为数据采集分析，可视化呈现，有效助力猪场过程化、精细化管理，提升生产效率。扬翔集团的智能化养猪通过数据智能采集、设备智能控制和行业平台运作打造FPF养猪场，用互联网的技术和手段，连接人、猪、物、场，配套智能设备产生数据，计算、分析、决策、控制，从而实现智能协同管理，提升养猪效率，降低养猪成本。小龙潜行采用先进的人工智能技术解决了养猪行业饲喂、管理过程关键指标的无接触、无应激测量问题，研发的牧场守望者机器人和爱猪盒子，通过深度学习计算机视觉技术，可实现非接触、无应激智能测重、测膘、盘点三大功能，智能采集、分析相关数据，形成精准营养系统解决方案。

2.2 交易

养猪企业与上下游之间的采购与销售同样是支撑数智养猪的基柱之一。数智化在交易环节中的应用，一方面解决交易链条长、交易信息不对称等养猪业的交易问题，另一方面也在极大程度上降低了中小养殖户的投入品成本。

我国的养殖模式呈现多样化，有以牧原为代表的垂直一体化模式、以温氏集团为代表的公司＋家庭农场模式、以双汇集团为代表的公司＋农户模式、以得利斯集团为代表的公司＋合作组织＋农户模式等。不同的养殖模式对应不同的供应链体系，个体经销商、门店、品牌企业、龙头企业等多类型供应链主体间均存在诸多交易环节，交易问题多、成本高。为实现对交易过程的强管控，提高交易效率，部分龙头企业选择自建企业商城，打造自营渠道，如牧原、温氏等。温氏股份与金蝶集团共同设立的广东欣农互联科技有限公司，充分利用各自资源优势，搭建农牧行业数字化平台即"温氏-金蝶云·苍穹平台"，打通温氏及产业链上下游合作伙伴与农户。借助外部平台，供应链上的中小型主体加强与其上下游更紧密的连接，降低交易成本，从而掌握更大的市场，触及更终端的客户群，推行更规范的交易，建立了稳定的、可持续盈利的商业模式。

另一种数智化在交易场景中的应用是农牧业媒体利用自身的用户网络效应和资源所开展的电商业务平台，如猪e网的"猪易商城"、搜猪网的"金猪商城"等。

而平台型企业农信互联的交易平台则基于农信生态大数据和智能算法，为猪场提供专家式服务和大数据精准应用的交易方式。同时结合遍及全国的运营中心和农信小站，为猪场提供便利的面对面服务。这种"线上＋线下"结合的交易模式更为符合养猪产业的交易需求与特征，即强调"服务属性"，通过线上线下融合，更精准满足猪场的需求。农信互联围绕产业链布局数字供应链，为产业链中各主体提供线上、线下全场景的招标、竞价、营销、推广及市场业务管理产品服务，并以农信TAAS产品为基础，连接财务系统、生产系统、物流系统、三方交易平台、金融服务等，建设企业"全产业链在线交易"中台，包含"农信商城""国家生猪市场"和"农信直选"三大产业链交易平台。"国家生猪市场"是国内功能较完备应用面较广的生猪现货电子交易市场。"农信直选"通过高标准、高要求、高规格严选原材料和供应商，严控生产加工流程、物流运输、销售渠道，实现在销农产品的全程可追溯，同时创新农信创客推广方式，将互联网与社交关系链紧密结合，实现营销的裂变式增长。

2.3 金融及社会化服务

金融和社会服务平台能有效促进养殖户、贸易商等多个产业链主体的稳定经营，促进产业发展。在数智养猪领域，金融和社会化服务得益于养猪大数据。

金融方面比较典型的案例有农信互联的"农信金服"和新希望集团的"希望金融"。其借助自身在业内多年积累的供应链优势，通过大数据建立农户信用风险管理体系，以"互联网＋"为依托实现平台化。以"农信金服"为例：以养猪数智化管理系统获取的生产经营数据和猪产业交易数据形成养猪大脑，与银行、保险公司、担保公司等金融机构合作开发出符合养猪业场景和需求的信贷、保险、保理、融资租赁等多元金融服务和产品。同时，结合线下业务人员获取的信息，利用大数据技术建立资信模型，形成较强的信贷风险控制力，联合金融机构为符合条件的猪产业用户提供不同层次的金融产品和服务。

在社会化服务方面，产业主体也在积极探索。农信互联为涉农企业及农户打造数智生态管理平台，借助养猪大脑提供"行情宝""猪病通""猪学堂""猪友圈""猪托管"等社会化服务。牧原搭建了集食品安全、行情分析、兽医服务、车辆管理、智能饲喂等环节于一体的产业数字化平台。温氏集团搭建的农牧行业数字化平台，推动农业产业价值链数字化、签约合同智能化、供应销售场景化。

2.4 食品溯源

依托数智养猪的发展，通过一物一码、RFID等技术，按批次记录育肥全过程，精细到饲喂、用药、免疫、消毒等各环节的追溯。消费者手机扫描二维码，可以查询生猪养殖管理方式，包括生猪出栏上市依次经历猪场兽医检验、畜牧站出栏检疫、屠宰检疫和猪肉化验等信息，确保所购买的是安全健康的猪肉。如农信互联打造爱迪（ID）猪，通过猪企网、国家生猪市场、农信货联三大系统的无缝对接，实现猪生产、交易、运输的全程溯源。天邦股份、河南讯飞搭建全供应链的养猪平台，打造自有品牌，促进食品安全管理。创"蛋白质含量最高的猪肉"记录的"吕梁山猪"，实现每头猪都安全可追溯。通过互联网、物联网和二维码技术对养殖、屠宰、运输、包装、销售等信息进行数字化管理，形成"生产者—经营者—消费者—监管机构"可追溯数据链，实现了生猪养殖生长过程有记录、记录信息可查询、流通去向可跟踪、主体责任可追究、问题产品能召回、质量安全有保障。

3 数智养猪的发展趋势

3.1 数智养猪向一体化方向发展

2018年，随着猪脸识别刷爆朋友圈，数智养猪开始在这一年迎来了蓬勃发展。企业管理系统、生产管理系统、自动盘估、精准饲喂、智能环控等各种适用于数智养猪的软件和硬件百花齐放。以农信互联为代表的生猪产业综合服务平台，致力于整合、集成行业内一切优秀的智能硬件、技术和算法，打造了生猪产业数智化生态平台"猪联网"；以阿里、京东为代表的传统互联网巨头，相继联手养殖企业和科研院所，开发了各自的"养猪大脑"；以扬翔为代表的优秀养殖企业，由养殖向服务转型，推出了"FPF猪场"；以普立兹、睿畜科技、小龙潜行为代表的技术服务商，从猪场的关键痛点出发，提出各自的解决方案；以温氏、牧原为代表的传统养殖集团，也在联合外部力量做出自己的探索。

数智技术的繁荣发展给猪场带来经济效益的同时，数智产品品类多、入口不一致、数据孤立的问题让生猪企业管理者不堪重负。数智猪场的软硬智、育繁养、管学防、人畜物、业财人、自繁代养、供产销融、全产业链一体化建设成为新的发展趋势。一体化不只是简单的将所有应用集成，更是打通生猪企业的管理流程和后台数据，实现企业经营在线化，企业生产智能化，数据驱动、智能决策。

（1）软硬智一体化。将数智猪场的生产管理平台与智能硬件设备平台进行有效连接，建立属于猪场的数据中心，把生产数据、设备数据汇总，以形成猪场大数据，并通过算法系统，结合大数据分析，形成猪场生产经营最优解决方案。在生猪企业生产管理、采购物资、交易销售等关键环节，智能推荐最优采购方案、生产方案、猪只销售方案，提质降本增效，从简单的报表分析到数据分析预测，最大化数据价值。

（2）育繁养一体化。以猪场数据为基础，结合科学算法，从品系选择、育种目标、育种评估、综合育种值等关键环节进行优化，探索大数据育种新方向。对母猪进行全面管理和分析，通过数据报表，对母猪生产性能进行全面把握，并结合后续肥猪生长情况，进行反向评估母猪性能及育种效率，从而将育种、繁育、育肥变成一个整体，打通数据流动，提升育种效率与生产效率。

（3）管学防一体化。通过对猪场的数据服务，形成适合大、中、小不同规模的猪场管理标准，并将管理标准应用到系统中，指导猪场企业规范化，"防非"精准化，生产高效化，并结合养猪线上学习系统（如农信互联 X 课堂），将数智养猪在猪场中的管理实践、优秀行业经验与分享、政策与规定等与养猪息息相关的内容有机整合。如果在生产中遇到问题，可在线上课堂中找到答案，并在学习后应用到实际的生产管理过程中，并结合 AI 算法和管理经验，提前预警生猪养殖中的问题，实现防重于治。

（4）人畜物一体化。将猪场中的猪、人、物资进行有效串联，人通过平台标准化养猪，猪用的每一件物资都清晰记录在案。物资的每一次领用，都与人关联在一起，每个人，用了多少物资，养了多少猪，最终成绩如何，一目了然，形成标准化的千头母猪所需人数、物资模型，并围绕模型不断优化人、畜、物的最优配比。不但提升了猪场精细化管理水平，还能为人员绩效核算提供有效支撑。

（5）业财人一体化。全面打通企业的业务数据和财务数据，从业务发生到业务审批，再到财务付款、账务生成，以及企业人力资源管理，全面实现在线化和自动化，真正做到了业务、财务、人力的一体化管理，彻底解决企业的数据孤岛问题，形成企业经营大数据。

（6）自繁代养一体化。针对现阶段产业发展趋势，需要自繁自养及"公司＋农户"两种方式的数智养猪系统，通过系统将生猪从引种到出栏、从物资领用到销售进行全过程管理，并对两种方式提供专属的财务核算模式，支持养殖企业灵活设置，满足企业多元化管理需求。并能够在一个平台同时支持两种模式，使公司发展不受软件系统制约。

（7）供产销融一体化。将企业生产管理过程中建场、引种、繁育、育肥、出栏等全部关键环节进行数字化，形成生猪数字资产，并与金融机构合作，将生猪的数字资产转换成猪场的经营信用，针对不同的养猪场景，提供建场融资租赁、引种融资租赁、养殖贷款、仔猪保险、养殖贷款、价格保险等一系列服务，以生猪产业为基础，连接采购、生产、销售经营全过程，并与金融深度结合，促进企业发展。

（8）全产业链一体化。将生猪产业全链条数据化，从饲料企业的生产加工到"料药苗"流通、猪场种配繁育、生猪销售、屠宰加工、冷链物流、肉食店零售全部环节数字化打通。从一粒玉米到一块猪肉，数据流转、信息共享、产融结合、商业贯通，形成一体化的生猪产业链数字化解决方案，共同促进生猪产业发展。

3.2　生猪产业供应链向数字化发展

生猪企业要从根本上提升数智竞争力，大企业可以投巨资重新规划，对于中小企业，拥有成熟的产业供应链平台是当前最稳妥的解决方案。

产业供应链平台纵向生猪产业的上游与下游实现业务一体化管理，在饲料—养殖—屠宰—门店各环节，数据全面流通，可实现产业链追溯。提升产品附加值，增强品牌竞争力。产业供应链平台赋予企业连接能力，帮助企业与上游供应商及下游客户建立连接，借助规模优势，实现上游原料采集，下游客户渠道分销，改变传统供应链的单一模式，建立产业共生。比较成熟的生猪全产业链交易平台如农信互联"猪联网"，基于农信商城、国家生猪市场和农信直选产业交易平台，围绕猪场，依托农信商城，连接饲料、动保等投入品企业，通过农信集采与农信优选等服务，为猪场提供质优价廉的投入品，降低采购成本。依托国家生猪市场为猪场提供生猪活体线上销售、物流服务，实现养猪人买好料、卖好猪的经营目标。基于农信商城，依托数智基础及供应链金融优势，农信围绕生猪产业链建立了一套从品牌厂商严选体系、质量保障、交易模式、在线结算、运营促销、仓储物流等一整套标准化的在线交易系统，形成从料药苗供应、生猪活体交易到白条及肉制品销售全供应链的线上交易模式。还有布局生猪产业链局部的供应链数据平台如不愁网的"生猪交易平台"，生猪交易平台主要解决市场普遍存在的区域垄断、信息不对称、信息不及时等现象，帮助企业更快、更高效地进行生猪交易，实现生猪交易的跨区域和在线交易。

产业供应链平台也涉及横向的商流、物流、信息流、资金流，还涉及标准、市场监管等生态场景。结合供应链数据和现代先进的生产管理理念生成农业风控大脑，从信用、资金、结算、保险等层面解决供应链两端的金融问题。农信互联的猪联网涵盖贷款、保险、支付、理财、保理、融资租赁等多种形式的金融服务。河南科大讯飞、睿畜科技、小龙潜行也纷纷布局生猪保险理赔方案。

3.3 人工智能在养猪领域的泛化应用

人工智能（AI）泛化指的是 AI 在数智猪场中应用基础化和全场景化。现阶段 AI 已经被应用于猪场巡检、自动盘估、精准饲喂、智能环控等方面，AI 为猪场带来极大效益的同时，高昂的成本也让众多中小猪场在数智养猪面前望而却步。吉林精气神有机农业 CEO 孙延纯曾表示："目前来看，AI 的应用会增加猪场硬件和软件设施的投资，大概增加 20%～25% 的资金投入。"精气神每年出栏 5 万头猪的猪场，需要 8 年时间才能达到 AI 建设的"盈亏平衡点"。但是，我们也看到随着数智养猪产业逐步走向成熟，AI 芯片制造企业实现芯片产品的规模销售，算法研发及猪场应用企业的产品及解决方案标准化，AI 技术落地应用场景的深化与客户核心痛点触达，成本降低是必然趋势，同时市场竞争因素也将进一步拉低 AI 产品的售价。随着 AI 建设成本下降，AI 将被更多生猪企业接受，像网络、电力的基础服务设施一样，向生猪行业全产业链提供通用的 AI 能力，为产业转型打下智慧底座。

AI 在生猪产业的应用向着全场景化发展，部分数智猪场 AI 设备在实验室中效果令人惊叹，但是在猪场中应用却不太顺利。耳标是猪场中使用频率最高的物资，它是戴在猪身上的耳标芯片，经常会被其他猪咬掉或蹭掉损坏，二维码识别耳标易被脏污附着，耳标老化褪色，诸如此类由于猪场环境复杂导致识别产生误差甚至失去识别功能。不过安乐福研发的可视耳标可以实现户外佩戴 8 年以上不掉标，激光印制编号 10 年不褪色。PIC 研发的 HogMax 工业耳标可以实现 80 万差异个体识别，并且通过深度视觉网络模型解决耳标二维码沾污或拍照角度的问题。这些新型科技产品可以有效改善原 AI 设备应用中遇到的难题。另外，猪脸识别一度成为数智养猪的明星技术，但是由于同一品种或近亲繁殖的原因，导致猪脸近似率较高、差异化低，猪脸识别可能出现错误，还有由于猪的配合度低，难以拍摄到猪脸，猪生长周期短，面部特点变化大，造成录入系统工作量大。实际生产中母猪与限位栏一一对应，根据限位栏可以实现母猪的个体识别与管理。在同一圈舍的肥猪的生长环境相同，采用同样的喂养方式，通过 AI 摄像头进行盘点、估重，对肥猪进行批量管理比猪脸识别效率更高，成本更低。

虽然 AI 技术在猪场应用中会遇到或多或少的问题，但"问题即答案"。随着 AI 场景化研究快速发展，AI 对使用环境的要求会逐渐放宽，AI 在猪场的应用场景会越来越全面，猪场数据采集将更加精确，猪场决策更加智能。

3.4 数智化促使生猪产业要素重新优化配置

数智养猪有效提高猪场用地的土地利用率和节能减排效果。土地资源是生猪养殖必须面临的问题，人多地少是中国的基本国情，中国人口密度约为世界平均水平的 2.5 倍，人均耕地面积约为世界耕地面积平均水平的 1/2，我国以占全球不到 10% 的耕地养活了近 20% 的人口。与此同时我国也是猪肉消费大国，平均一年消费 7 亿头猪，猪肉消费占肉类消费的 62%；中国猪肉消费占世界猪肉消费的 50%。2019 年国务院办公厅和自然资源部办公厅先后发布《关于稳定生猪生产促进转型升级的意见》和《关于保障生猪养殖用地有关问题的通知》，允许生猪养殖占用一般耕地，保障生猪养殖用地。国家政策在一定程度上缓解了生猪养殖用地紧迫问题，同时我们也应看到数智养猪对于生猪养殖在提高土地利用率和降低污染方面的成效。楼房养猪在土地利用和节能减排方面优势显著，普通养猪方式，年出栏 10 万头生猪需要 700 亩* 养殖场地，齐全农牧集团采用农信互联新型智能化工艺流程系统，万头生猪场占地不足 10 亩，同时减少了 70% 的污水排量，使尿、粪浓度更高，并用粉碎后的秸秆加微生物进行发酵后，根据市场上农作物的需要进行配比，装袋销售使用，实行了种养结合、真正地达到零排放。

数智养猪也带来行业从业者的变革。一方面，智能饲喂、自动盘估、AI 巡检等智能设备的应用极大地提高了养殖人员的工作效率和管理精细化水平，降低了人力资源成本。以常州市枫华牧业有限公司为例，劳动生产效率提升，从每养 1 万头猪需 16 人降到只需 1 人。无论对于当下国内人口增长率逐年降低，劳动力成本持续上升的基本国情还是对于降低猪场人力成本来说都具有重大意义。另一方面，数智化技术研发及应用对从业人员的知识广度和技能水平也提出了更高的要求。数智养猪的发展不仅需要畜牧业专业人员，同时数智软件开发也需要物联网、人工智能、云计算、大数据等新一代信息技术开发人员的加入。数智硬件的更新换代也同样需要投入更多新技术、新工艺、新材料、新设备领域研发人员。数据供应链的发展也为众多电商运营、保险、保理、期货等方面金融专业人才提供了发展平台。数智养猪的建设对于猪场管理者也提出了更高的要求，未来的猪场管理者既要熟知畜牧兽医知识、猪场生产工艺，又要精通计算机操作、智能设备使用技能。数智养猪推动了生猪养殖业从劳动力密集型向科技密集型转变。

数智养猪盘活了生猪行业的金融资源。生猪保险是政策性农业保险之一，是中共中央、国务院推行的一项强农惠农举措，提高了养殖户抵御风险的能力。但是传统养猪方式中生物资产无法监管，养殖户通过虚投、虚赔骗取政策性生猪保险财政补贴资金的情况屡见不鲜。无独有偶，养猪户以养猪名义贷款挪作他用，伪造材料骗贷等问题也屡屡爆出，这导致传统养猪户征信难、贷款可得率低、信贷成本高。数智养猪能准确标记生物资产，依托生态圈数据准确地评价农业客户，运用领先的模型优化与深度学习能力输出更贴近行业的模型策略，建立猪场经营信用体系，从而提高金融机构服务农业的质量和效率。2021 年 9 月 5 日，大连商品交易所顺利完成首次生猪期货交割，睿畜科技的智能设备自动获取交割过程中的关于猪只数量及体重数据，有效改善以往生猪交割工作中人工盘点的效率及准确性，提高了期货交割管理效率，并对未交割流程中的责任判定提供依据。数智养猪为贷款、保险、支付、理财、保理、融资租赁等多种形式的金融资源落地提供更加切实的抓手，金融资源的配置为生猪行业发展注入新的动力。

数据作为新型生产要素在生猪产业发展中发挥着越来越重要的作用，数智养猪的发展为政府和产业完成数据资产沉淀挖掘了数据价值。2021 年 4 月 18 日，全国畜牧总站与重庆市荣昌区正式签署战略合作框架协议，共建国家级生猪大数据中心，力争对生猪全产业链实现信息化监测，助力监管监测一体化。生猪大数据中心有利于汇聚数据资源，深化生猪单品种大数据的应用发展。实现生猪数据的共享交换，以及农业大数据的应用落地。通过大数据技术挖掘生猪价格周期波动规律，构建生猪全产业链数据监测体系，服务政府对生猪产业的监管及国民经济的宏观调控。通过对产业主体的数据服务、金融服务，提升生产经营效率，助力改善养殖主体的融资难问题。数智养猪帮助生猪企业以数字形式将企业运营、管理、交易等信息沉淀到数据平台，形成以服务为中心，由业务中

---

* 亩为非法定计量单位，1 亩＝1/15hm²。

台和数据中台构建起数据闭环运转的运营体系，供农牧企业更高效地进行业务探索和创新，实现以数字化资产的形态构建企业核心差异化竞争力。

4 数智养猪的发展建议

在当前环境下，养猪业应在求生存的基础上，积极布局发展，在品牌打造、多元化发展，打通消费侧与供给侧数据，使其更加贴近消费市场等方面下功夫。同时，应坚持绿色发展和长期主义，关注育种，积极在人才、技术等方面布局。

4.1 人才发展与建议

随着数智养猪技术越来越密集，企业的人才管理体系建设也越来越重要。企业可通过与高校加强人才定向培养、联合培养等多种形式的合作培养产业技术人才和产业金融人才。

数智养猪的建设对猪场管理者提出了更高的要求，未来的猪场管理者既要熟知畜牧兽医知识、猪场生产工艺，又要精通计算机操作、智能设备使用、数据管理技能。应鼓励自动化、人工智能学科与动物科学、动物医学等专业的融合互动，培养产业技术人才。

生猪产业是大进大出的资金密集型行业，在充满不确定的行业周期下，企业继续生存下去的决定性因素在于有没有持续的现金流。应鼓励金融学科与农学专业的融合发展，培养产业金融人才。

4.2 技术发展与建议

数智化硬件设备与软件平台研发企业需要深入猪场生产，了解猪场生产中的难点痛点，深度挖掘猪场真实需求，开发适配场景的数智解决方案，为猪场生产降本增效。同时不断进行技术创新，降低数智产品的成本，提高数智产品稳定性与实用性，让更多猪场用得上、用得起数智产品。

加快农业物联网、智能化相关标准体系的研究与编制，围绕当前阶段的技术发展、融合创新和应用推广的需求，率先开展关键技术和领域的标准规范研究制定工作，统一猪场物联网、智能化技术和接口标准。

4.3 政策发展与建议

在政策方面，可进一步支持信息技术在养猪业乃至农业中的应用。在养猪业中应用的信息技术在技术领域或许不是最前沿的，但一定是最适配场景的。对于养猪业的发展来说，重点鼓励支持场景适配性和成本合理的信息技术研发应用或许比支持引导前沿信息技术研发应用更有价值。

结　　语

随着未来技术的不断加速发展、装备升级，畜牧行业将面临的不只是数智化升级，还要探索现实与虚拟世界的无缝连接，要面对来自诸如植物肉、细胞培养肉的现实影响与冲击，留给业内外的想象空间巨大。

"元宇宙"是一个平行于现实世界又独立于现实世界的虚拟空间，是映射现实世界的在线虚拟世界，是越来越真实的数字虚拟世界。元宇宙概念的逐步完善为数智养猪带来新的启发。2021 年 10 月 19 日，有报道温氏集团规划数字化运营，借助数字孪生养殖中心构建坚实的智慧养殖基础，强化数据分析应用能力，实现生产模式创新、管理效率提升，迈出数字化转型的关键一步。双汇发展在2021 年 11 月 15 日申请注册两个"原生宇宙"商标，国际分类分别涉及食品、健身器材。虽然双汇发展曾向媒体表示，"原生宇宙"的商标申请注册只是企业正常的经营行为，不具有特殊含义。但双汇发展本次所注册的"原生宇宙"商标，很难不让人立刻联想到火爆的元宇宙概念。还有投资者以双汇发展为例，咨询涉足生猪养殖业务的唐人神，"是否有打造元宇宙养猪的设想，可以线上养猪，然后做成火腿肠等制品，现实中完成交付？"虽然现在元宇宙离我们的生活尤其是产业还较远，但或许随着未来技术不断加速发展及装备升级，我们的智能畜牧将面临的不只是智能化升级，还需要面对现实与虚拟世界的无缝连接。

当前备受媒体和资本关注的人造肉产业或许也将对养猪业产生影响。虽然国内人造肉的概念与产品形态古已有之，但人造肉产业，特别是植物基肉、细胞培养肉产业起步晚，在开发过程中，产品调味、肉结构及工业化设备等发展瓶颈亟待解决。根据数字 100 的市场调研，植物基肉在中国市场面对的最大阻力是用户的购买渠道相对匮乏，消费者对于原材料成分和制作过程不了解造成的不放心。而对于细胞培养肉，如何进行成本控制以及消费者心理的克服也需要一个过程。即使如此，在碳中和与消费个性化、健康化的大背景下，人造肉产业的未来依然可期，养猪业或许有找准时机积极布局的机会。

生猪产业数智生态平台

—— 北京农信数智科技有限公司 ——

　　生猪产业数智生态服务平台，也称猪联网，是以物联网、智联网、云计算、大数据等集成应用为方向，利用现代管理理念，联合生猪产业上中下游养殖户、生产商、经销商等，打造农业大数据共享平台，解决传统生猪产业经营效率低、交易成本高、金融资源匮乏等问题。

　　平台现已建成包括猪企网（猪场 SaaS）、猪小智（猪场 AIoT）、猪交易（投入品采购＋生猪销售＋网络货运）、猪金融（产业金融）、猪服务（行情宝、猪病通、猪友圈、猪学堂）五大核心体系，为生猪产业提供全方位、一站式的数智化服务。截至 2021 年 9 月，猪联网平台已聚集了近 6 万个专业化养猪场，服务 623 万专业涉猪人群，覆盖生猪超过 6 100 万头，是国内服务养猪户较多、覆盖猪头数规模较大的数智养猪服务平台。

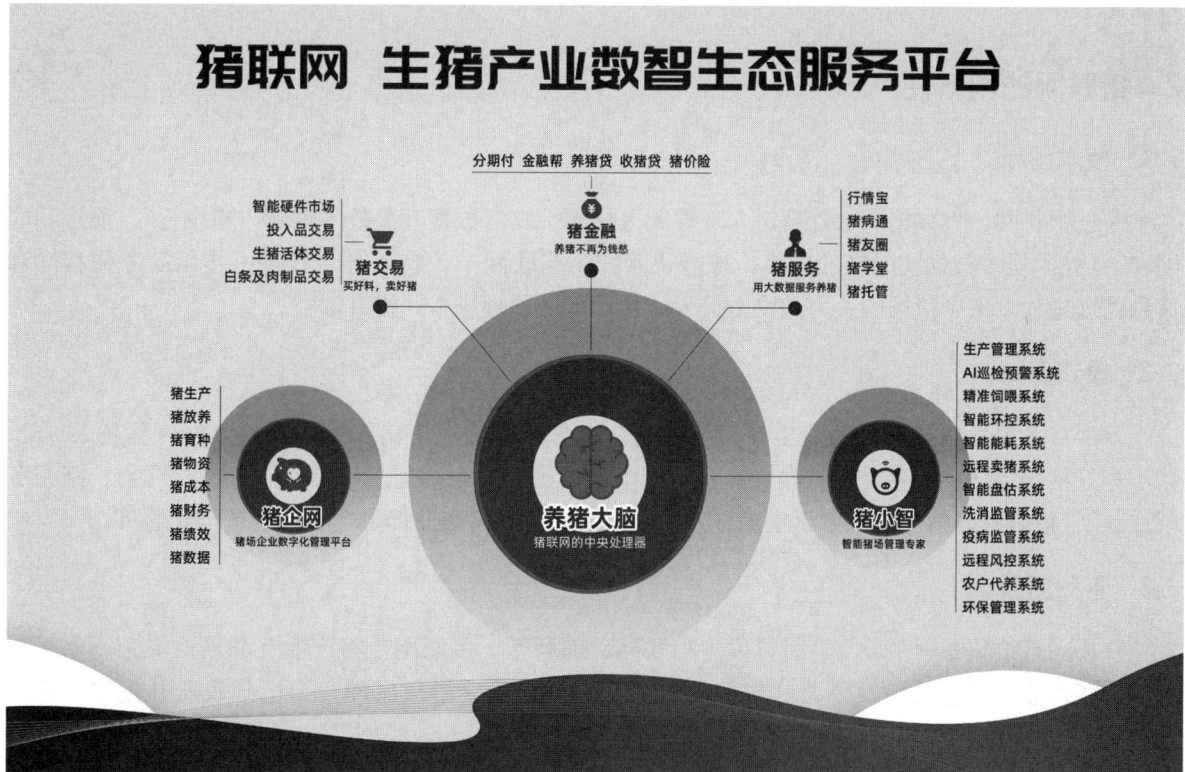

1 猪联网五大核心体系

1.1 猪企网：猪场企业数字化管理平台

猪企网是猪场企业的线上云企业资源计划（ERP），面向猪场企业提供从猪场生产到企业管理完整的数字化管理平台服务。实现猪场的线上化、数字化、智能化管理，大幅提升猪场的管理效率。

1.2 猪小智：智能猪场管理专家

猪小智是一套全方位、多维度智能猪场整体解决方案，通过构建云-边-端的智能物联网集成和自研 AI 算法，打造智能猪场管理专家。

1.3 猪交易：买好料，卖好猪

基于农信商城与国家生猪市场，将投入品企业、中间渠道商、猪场及生猪交易商，发展成农信交易会员，赋予其农信供应链、金融服务、物流及运营能力，降低交易成本，提升农信会员企业线上竞争力。

1.4 猪金融：养猪不再为钱愁

利用猪联网的智慧管理平台，为金融机构提供其养猪客户的动态资产监管工具，从而帮助金融机构做好养猪场客户的风控、管理以及服务。

1.5 猪服务：用大数据服务养猪

通过数智化管理和交易积累的生猪行业大数据，立足涉猪产业主体需求，提供互联网化的周边内容服务，包括行情宝（线上查猪价）、猪病通（线上看猪病）、猪友圈（养猪社群）、猪学堂（在线培训课堂）。

2 猪联网的创新性

2.1 技术创新

通过物联网、大数据、云计算、人工智能等技术，农信数智开展技术创新"猪小智"。通过物联网和 AI 技术实现数据实时精准采集，智能化管控、互联网＋信息服务，将进一步精简工作程序和信息处理过程，减少猪场的人力和物力投入，从而降低管理成本，提升效益。

2.2 模式创新

该项目立足生猪产业，打造生猪产业数智生态服务平台——猪联网，即猪企网（猪场 SaaS）、猪小智（猪场 AIoT）、猪交易（投入品采购＋生猪销售＋网络货运）、猪金融（产业金融）、猪服务（行情宝、猪病通、猪友圈、猪学堂）五大核心体系，为生猪产业提供全方位的智能化服务。

2.3 平台创新

在成功打造猪联网基础上，持续发力田联网、渔联网、蛋联网，将产业互联网的触角不断延伸到涉农各产业。截至目前，公司已与重庆忠县政府合作成立柑橘联网，为杞县政府开发"大蒜联网"，为东阿阿胶开发"驴联网"，为北大荒垦丰种业开发"玉米联网"，以及内蒙古"土豆联网"、东北"狐狸联网"等 X 联网项目。

2.4 业务创新

在核心产品猪联网基础上，农信数智面向 5 000 头母猪以上大型养殖企业农牧产业链中的企业或企业集团，推出数字企业模式，为农牧企业提供数字化升级整体解决方案。针对 500～5 000 头母猪的中型猪场，推出数智猪场模式，为猪场提供猪企网＋猪小智＋猪交易＋猪金融等服务。针对 500 头母猪以下中小猪场及散户，推出会员企业模式，为其提供猪联网的闭环运营服务。

该系统通过大数据平台助力生猪产业振兴，帮助政府决策，科学分析数据价值，创新政府治理模式；监测行业动态，指导养殖户合理布局生产，保障养殖户收益；监督生猪规范化养殖，保证食品安全，帮助养殖户实现数据化养殖，并进一步推动互联网＋、自动化、信息化、智能化的养殖进程。

该系统通过远程智能化管理，降低人员投入和人力成本；精准饲喂，减少饲料等投入品浪费；提升母猪产仔数，减少母猪头数，从而减少粪污排放，降低猪场成本；猪病远程问诊和养殖远程监控，精准用药，降低猪只疾病发生概率和养殖成本，既提升产业经济效益，又节能环保，同时提升动物福利。

据系统大数据平台实时数据显示，全程使用此解决方案的生猪养殖企业，其 PSY 可提升至 25 头，断奶前成活率可达到 94.75%。综合测算，每头生猪可为养殖户增收 151 元，每头母猪平均可节省 900 元/年，千头母猪场可降低成本 90 万元/年。同时，在该系统支持下的猪场，每头母猪平均可向社会多提供 5 头/年左右商品猪，合计近 500kg 猪肉，可减少母猪养殖 20%。以每头母猪每年产粪量 3 833kg 计算，在保障全国人民猪肉消费需求的前提下，该产品可促进每年减少粪污排放约 268 万 t。另外，在产业扶贫兴农、抗击非洲猪瘟、抗击新冠疫情、生猪稳产保供、转型升级方面均有显著成效。

3 实施效果

项目贯穿生产饲料企业到养殖企业、屠宰场、经销商、生鲜店铺的整个产业链，不仅为超过 6 万家专业化养猪场提供在线化、智能化服务，覆盖生猪超过 6 100 万头，也为 623 万专业涉猪人群提供金融、交易、行情资讯、专家问诊等多重服务，开创了数字经济时代的数智养猪新模式。该项目通过线上线下联合推广，为四川天王集团等集团型农牧企业提供了从饲料生产、交易，到生猪生产、流通，再到屠宰加工的全产业链数字化解决方案，实现集团企业全产业链条在线化、数智化升级，同时为众多中小养殖户提供"助养"服务，使中小农户实现轻松创业。在此模式和技术的基础上，该项目与重庆忠县政府合作成立"柑橘联网"，为杞县政府开发"大蒜联网"，为东阿阿胶开发"驴联网"，为北大荒垦丰种业开发"玉米联网"，与天津奥群牧业合作"羊联网"，以及内蒙古"土豆联网"、东北"狐狸联网"等 X 联网项目。

4 发展前景

项目旨在解决农业产业生产效率低，交易链条长，金融资源匮乏等问题。预计未来 3～5 年内，全球智慧农业、数字农业领域将实现跨越式发展，产品和服务将更加成熟，行业渗透会更加深入，价值创造不断提升。农信数智作为一家农业互联网的高科技企业，专注产业数智化升级，实现产业高效、精准、智能、可持续的发展目标，推动中国农牧业迈上新台阶。

在生猪全产业链、农林牧渔等多个农业产业以及农业以外的其他产业，都可以复制该项目建立的"数智＋交易＋金融"的生态平台模式，采用大数据与实体产业融合发展的先进理念，因地制宜，进行推广应用，本项目的市场前景十分广阔。

生猪智能养殖系统

北京小龙潜行科技有限公司

生猪智能养殖系统立足机器视觉与深度学习核心技术，完成养猪行业关键生产数据的非接触、零应激的采集、治理。基于图像视频技术的猪只盘点、体况测量等产品已在多家猪场进行示范建设，产品应用效果良好，极大地解决了猪场科学管理的难题，提升了管理效率。

1 技术架构

生猪智能养殖系统通过边缘层（包括育肥猪个体识别系统、牧场守望者、AIbox、一体机等智能终端设备）完成对生猪养殖生产数据实时/精准的采集。大量的多种类生产数据传输至分布式云平台，根据场景需求云平台协同边缘算力完成数据治理，通过 AIoT 业务中台为猪企提供生产管理决策的高效辅助，并向生产终端设备层发出控制指令，从而实现智能决策与控制。

生猪智能养殖系统的技术架构如下图所示。

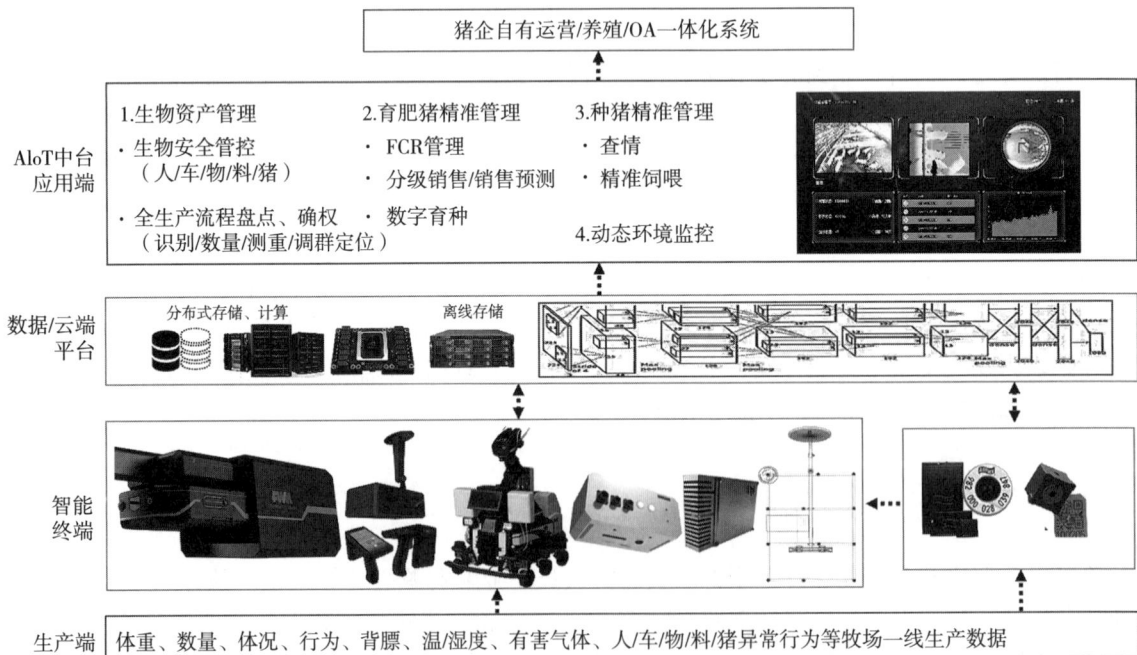

2 核心技术

生猪智能养殖系统核心技术主要包含三大类：算法模型、硬件设备、软件服务平台。

2.1 算法模型

算法模型包括限位栏测重及体况、群养测重、生物资产盘点等技术模型。

以深度学习中的卷积神经网络为基础，研发体重、背膘、温度、环境等指标测量的数学模型。通过卷积神经网络、对抗神经网络、胶囊网络等的集成创新，实现对复杂多变的猪场现场获取的数据进行降噪处理，降低算法模型对现场环境的敏感性，提升算法模型的鲁棒性与准确率。通过对合成数据训练的研究，增加高质量训练样本量，整体提升算法模型性能。

2.2 硬件设备

硬件设备包括吊挂式、滑轨式、便携式等图像采集设备及传感器。具体为：

（1）轨道巡视机器人，设备包含深度摄像头、广角摄像头及近红外设备等，动力系统可按照云端指令每日自动化巡视，通过广角摄像头对猪场生物资产进行准确盘点，通过近红外设备获取猪只体温，对猪只健康状况进行评估。

（2）便携式设备，可辅助猪场管理人员进行日常巡视，获取生物资产数量，该设备还可现场进行简单数据录入及猪只档案等信息获取，为转栏等日常操作提供方便支持。

（3）适用于猪场较为恶劣环境下使用的温湿度、有害气体浓度等传感器，可实时监测猪场内的环境信息，使猪场始终保持适宜猪只生长的环境。

2.3 软件服务平台

软件服务平台包括生猪智能养殖系统及大数据分析系统。

生猪智能养殖系统为客户呈现可视化数据及数据变化趋势。大数据分析系统为生猪养殖、上下游产业链等提供决策支持。

3 应用场景

生猪智能养殖系统充分考虑中国猪场的现实情况，对现有猪场及新建猪场均有合理实施方案，系统实施过程中不改动猪场地面设施，只需在猪场栏位上方合适位置架设硬件设备即可，改造费用少，猪场负担小。系统适应性高，可在高湿度、高粉尘、多蚊虫等环境下使用，对猪场环境要求低，对于大部分舍内光线较暗的环境同样适用，系统安装后不需要校准等操作，使用简单。另外，针对不同规模的养殖场，提供定制化系统及便携式设备两套方案，定制化系统主要在规模猪场实施，便携式设备则适用于散户、规模猪场及饲料、动保等企业，综合的系统方案适用于中国绝大多数猪场。

目前已在黑龙江、内蒙古、吉林、甘肃、广东等多家猪场进行方案实施。经国内外顶级企业和机构的行业专家多次现场考察观摩，取得准确度和成熟度都可以商业应用和大规模推广的实证结果。

4 应用案例

4.1 正大中国内蒙古猪场项目

通过建立生猪智能养殖系统，实现"大群体育肥猪体重实时、精准采集"，体现价值链辅助管理价值。

4.2 谷越科技项目

全球最大单体公猪站实现全域生物安全业务流程智能化管理。

4.3 农业农村部饲料工业中心项目

通过建立生猪智能养殖系统对猪只体重/体况数据进行实时采集，数据上传至 FeedSaaS 云平台完成以动态体重/体况变化为标准的饲料配方方案。饲料厂根据饲料配方方案进行饲料生产，最终协同饲喂器完成精准给料，实现"精准动态营养供应"。

5 应用效果

生猪智能养殖系统在多家猪场实施以来，安全、可靠、稳步地运行，应用效果得到了充分的验证与肯定。

系统在获取猪只关键指标数据的过程中，与猪只完全无接触，不会对猪只造成严重的应激反应。通过对几家猪场应用测重、体况子系统后获得的测量数据进行对比统计分析，育肥猪体重测量的准确率达到 95% 以上。对于系统在测量猪只关键指标的基础上，利用大数据分析技术，自动制订出科学的饲喂方案，为猪场饲喂人员提供有效的饲喂建议，为猪场管理提供决策支持，同时，减少猪场人员投入，提升了猪场的管理水平和经济效益。利用生猪智能养殖系统中的智能生物资产盘点子系统，对猪场群养栏的猪只进行自动化盘点，准确率高达 98%。通过该功能，使猪场管理者清晰掌握猪场生物资产数量，解决了人工盘点耗时耗力且不准确的问题，减少了跑冒滴漏现象的发生。

6 发展前景

生猪智能养殖系统将人工智能技术与生猪养殖结合，通过互联网、物联网、区块链、大数据技术的链接，严控养殖过程，实现精准化、绿色化、智能化的养殖，解决了猪场科学管理的难题，提高规模化养殖的管理能力，提升养殖生产效率，增加猪场经济效益。

此外，本系统的大数据获取及分析功能，首先为饲料、屠宰、物流、销售等上下游产业链提供实时、精准、系统的数据，有助于企业实现精准、高效的管理与决策，准确把握行业脉搏，促进产业链各环节的高效互动，有效加速行业发展。其次也为国家制定科学的生猪产业政策、猪肉食品安全溯源提供数据支撑。

综上所述，生猪智能养殖系统能够产生巨大的经济效益和社会效益，发展前景广阔。

京鹏生猪分阶段智能饲喂方案

—— 北京京鹏环宇畜牧科技股份有限公司 ——

猪群的饲喂管理是规模化猪场的重要技术环节，与猪场的经济效益息息相关。要做好猪群的饲喂管理，就必须按照猪只的生长阶段对其进行科学划分，再根据每阶段猪只的特点，制订针对性的饲喂管理方案，这不仅能够为猪只提供不同营养配方及生长环境，切断各种传染病的传播途径，同时还能获得理想的、持续的经济效益。畜牧根据各阶段猪只的特点，推出一套完整、科学的智能饲喂管理方案。

1 后备和配怀母猪饲喂方案

1.1 推荐方案

小栏群养智能饲喂系统：每一台设备可饲喂 20 头母猪。

1.2 方案详述

母猪智能饲喂系统（ESF）——小栏群养饲喂系统，每台设备可饲喂 20 头母猪，能够满足不同生长阶段猪群的个性化饲养管理需求，尤其能够实现母猪精准饲喂的需求。

母猪智能饲喂系统通过电子耳标智能采集系统将猪只采食情况和生产数据反馈到控制中心，通过控制系统进行猪只饲喂曲线的设定和营养增减的调配，从而满足母猪的营养需求，保证母猪的体况更加标准，使得母猪提供的断奶仔猪数从 20 头提高到 30 头以上成为可能，大大提高了母猪的生产性能。

1.3 方案优势

精准——母猪智能饲喂系统通过电子耳标智能系统将猪只采食情况和生产数据反馈到控制中心，通过控制系统进行猪只饲喂曲线的设定和营养增减的调配，从而满足母猪的营养需求，保证母猪的体况更加标准，大大提高了母猪的生产性能。

福利——母猪智能饲喂系统真正意义上实现了母猪从"枷锁"到"自由"的革命。饲喂系统能够保证每头母猪的运动空间不低于 $2.2m^2$，满足了母猪对于空间的需求，保证其活动量，最大限度地满足猪只福利需求。

1.4 设备优势

（1）交互式界面，动态显示，可实时掌握设备的运行状态与母猪采食情况。

（2）通过传感器可筛查出耳标损坏或丢失的个体，并在系统中显示。

（3）多种原料存料仓，实现饲料饲喂多元化。

（4）配备分选装置，可将特殊标记母猪分选至指定位置，出口门采用机械软连接，保护母猪，准确地关闭出口，防止母猪从出口进入。

2 分娩母猪饲喂方案

2.1 推荐方案

哺乳母猪智能饲喂管理系统。

2.2 方案详述

哺乳母猪智能饲喂管理系统对猪场来说是一个非常重要的工具，能够帮助猪场管理者提高哺乳母猪的采食量，进而提高母猪的繁殖性能，同时降低饲料浪费，减少人力。

哺乳母猪智能饲喂管理系统采用无线电技术，通过电脑软件及安装于产床上的饲喂器，根据母猪的年龄、胎次、体况和仔猪数量对每头母猪进行哺乳期饲喂管理。利用少食多餐的原理提高哺乳母猪的实际采食量，实现母猪泌乳量最大化，从而保证了哺乳母猪的良好体况及良好的母乳，进而缩短发情间隔，提高母猪群年产胎次，使母猪繁殖性能最大化。

2.3 设备优势

（1）轻松实现精准饲喂。
（2）简单操作实现少食多餐，促进母猪采食。
（3）统计分析母猪采食量数据，为猪场管理的决策提供参考依据。

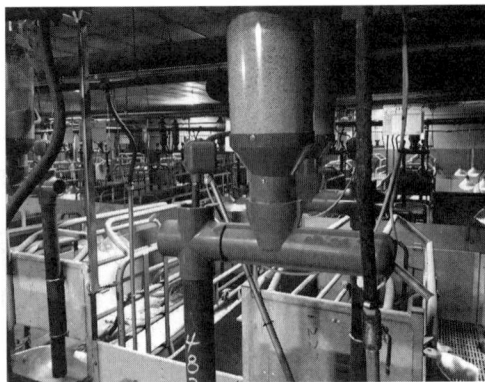

3 保育猪饲喂方案

3.1 推荐方案

京鹏湿料智能饲喂系统。

3.2 方案详述

保育猪群习惯群体采食，为满足猪群的生长营养需求，需设法提高采食量。保育阶段自由采食，建议采用适口性好的湿料饲喂，为了防止营养性腹泻，可以采用少量多餐的饲喂方式，保证每日约 6~9 餐饲喂，但无须限制采食量。建议转群后一般前 5d 定量饲喂约 1∶1 的湿料，在转入粥料自由采食后水料比逐步提高到 3∶1。在猪群换料的过程中，要采用逐步过渡的方法，一般不少于 3d。京鹏环宇畜牧提供的湿料智能饲喂系统，可以在短时间内通过循环管道远距离输送大量饲料，高效饲喂保育猪群，并能够为客户量身定制饲喂解决方案。

3.3 方案优势

（1）湿料智能饲喂系统整个饲喂过程全部由电脑控制，高度自动化，可最大限度地降低劳动力成本，大大提高生产水平。同时，猪场内人与车流动越少，防疫控制就会越好，猪场的生物安全水平也得到提升。

（2）根据客户的需求，可量身定制任何尺寸的饲喂系统。京鹏环宇畜牧提供的智能饲喂系统能够根据养殖场的面积和养殖数量等实际情况和客户需求，量身定制饲喂系统，同时也能够减少建筑面积，降低投资成本。饲料以干饲料的方式进行运送和混合，确保饲料的新鲜、安全、卫生。干饲料与水比例可控制在 1∶0 到 1∶4 之间，可以控制每个料槽的个性化配比，满足不同阶段猪群的能量及蛋白质吸取。电脑实时监测搅拌缸的重量变化与管线的输送量，实现精确控料，能够将饲喂量控制在 0.1kg 之内。

（3）确保饲料添加剂及药品等小剂量的精确投放。系统能自动监测每个圈栏中猪群的采食情况，这样可轻松地做好疾病的预先监测，提前隔离问题猪只并治疗，而不是整群盲目用药，从而降低兽药使用成本。另外，精确使用各类饲料添加剂能够提高饲料转化率，节省饲料成本。

（4）能够实现饲料混合饲喂、饲料原料多样化、多阶段饲喂，降低养殖成本。

（5）饲料管路清洁方便，管路无残留。通过水雾泵可对主输送管线进行消毒清洁，每批次猪群转入前可对每个饲喂点进行自动化消毒，保证安全卫生。

（6）系统能够保证定时定量饲喂，使猪群可以获得同等的饲喂量，猪只均匀度良好，进一步提高动物福利。

4 育肥猪饲喂方案

4.1 推荐方案

育肥猪专用液态料智能饲喂系统。该系统包括双缸同步饲喂系统与单缸饲喂系统两种，可根据猪场规模选用。

4.2 方案优势

（1）液态料适口性好，提高饲料利用率，减少饲料浪费。液态料经过充分的浸湿，饲料中的可溶性营养成分溶于水，饲料颗粒吸水膨胀增加了表面积，变得松软，有利于猪的采食和吸收。对育肥猪而言，饲料转化率通常会提高 9％～15％。

（2）使用液态料有利于改善环境。通常在饲喂干料的情况下，猪拱来拱去，舍内会产生粉尘，易造成猪呼吸道感染。而使用液态料能够降低氨气排放和舍内粉尘含量，改善猪舍内的环境，减少呼吸道疾病的发生。

（3）使用液态料可供应猪只每天需水量的 70％，能够保证猪群的大量饮水，减少泌尿系统疾病的发生。同时，减少猪群到饮水器的饮水次数，饮水器安装相应减少，造成的水浪费也减少，猪场污水也大量减少，从而大大缓解了猪场污水处理的压力，更利于环保养殖。

4.3 系统特点

（1）能及时调整配方，精确配料，实现多阶段精准饲喂。
（2）保证猪群同一时间进食，达成全进全出目标。
（3）便于在第一时间发现微恙猪只，节省 80％～85％兽药费、添加剂。
（4）充分发挥发酵料的优势，可利用农作物、各种副食品、发酵料来代替传统饲料。

德康 ETP 智慧养殖云管平台

———— 四川德康农牧集团有限公司 ————

1 核心技术介绍

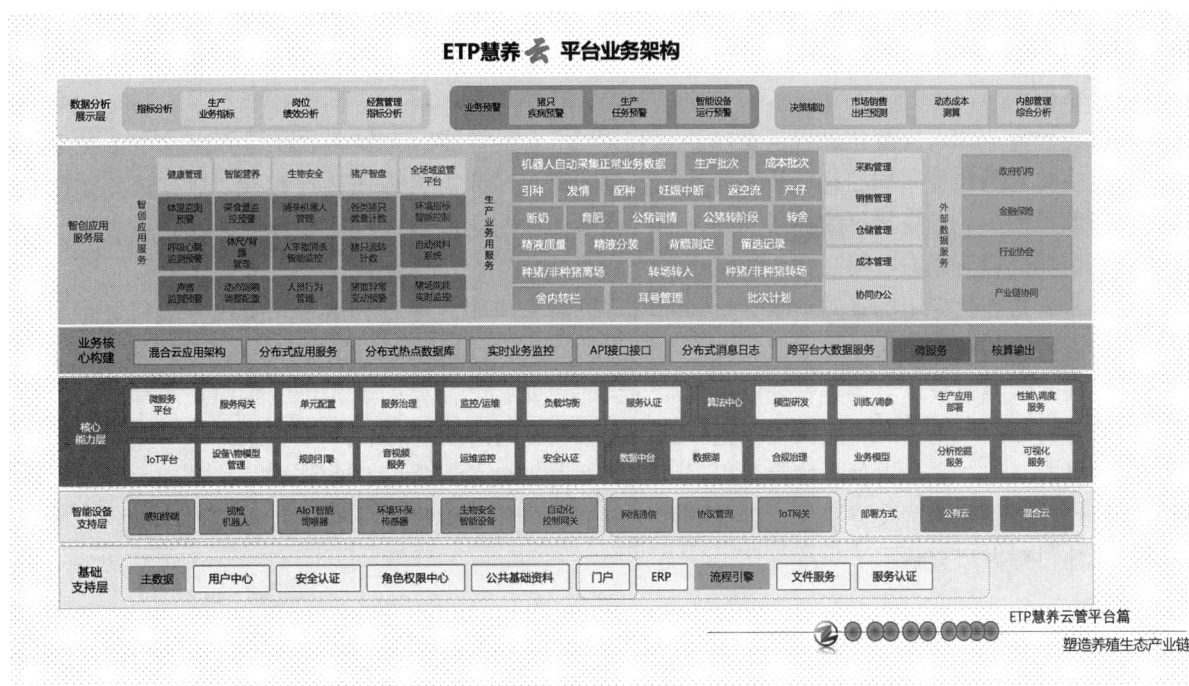

ETP慧养云平台业务架构

ETP慧养云管平台篇
塑造养殖生态产业链

2 应用效果

2.1 生产效率

AI、IoT、云计算、大数据在生猪养殖领域的深度应用，有效地提高了生猪养殖的生产效率和人工效率，一台机器人可同时管理 300～500 头种母猪，是传统人为管理的 4～6 倍，使人均生产效率提升 30％以上。同时生产管理人员和技术人员与机器人、系统平台联动，实时掌握猪场业务动态、猪群结构、生产指标情况等，确保养殖场的健康发展。

2.2 疾病防治

机器人技术与大数据结合，为每头生猪建立健康卡片，并设置巡检机制，24h 看护生猪，机器人巡检时快速检查猪只体温、心跳、呼吸、行为等，发现异常猪只时，在第一时间预警并下达任务给技术人员，技术人员确认后通过进行治疗、隔离等措施，可大幅减少生猪的死亡和异常淘汰，避免给养殖户造成不必要的直接经济损失，能够减少死淘率 5% 左右。

2.3 营养管理

以饲养管理标准为基础，结合生猪自身状态，建立个性化饲喂方案，将机器人与饲喂器联动，实时调整每头种猪的饲喂量，真正做到个体猪只的精准饲喂和营养均衡，同时避免营养过剩、不进食等带来的饲料浪费，有效保障了妊娠母猪、哺乳母猪与哺乳仔猪的健康，减少在妊娠和哺乳环节的死淘率，为养殖场直接或间接增加 5% 以上的毛利。

2.4 生物安全

场内外通过 AI 视觉技术自动判断人、车、物的准入情况，自动预警安全范围内的异常人、车、物。严格的消毒、洗浴、着工装管理，运用雷达技术自动监测洗浴的标准与否。人脸识别与门禁结合，判断人员管理权限，视频视觉技术跟踪场内人员动向等，多方面防护以确保场内外生物安全，或当疫情发生时，能够在第一时间发现或找到传播源，及时切断传播途径，避免或减少经济损失。

3 发展前景

随着养殖专业化、规模化进程越来越快，利用 AI 人工智能、大数据、云计算以及 IoT 物联网的能力将生猪养殖自身累积的科学技术与其他领域的科技成果融合或适用性转换，以提高养殖生产效率、降低死淘率、提高猪只的存活率等。同时养殖场数字化改造可进一步提高养殖企业经营管理的能力和市场的应变能力，提高企业的核心竞争力。

面对未来智能化应用场景的不断变化和新增，机器人应用的智慧养殖应用解决方案将逐步替代传统养殖以解决传统养殖人工效率低、人工主观能动性差、数据准确和即时有效的问题。

养殖模式、养殖技术、饲养管理以及食品安全的转变必然需要引入先进的科学技术和方法，智慧养殖的可持续应用场景的快速调整，充分满足养殖在不同阶段的需求。

国内具有 4 000 多万头种母猪存量以及 7 亿多头育肥猪的超大规模的消费市场，现在及未来都将陆续应用到智慧养殖解决方案中，以推动智能科技的应用，促进产业升级，为实现国家乡村振兴战略的宏伟目标做出贡献。

研发新型智能耳标　助力生猪大数据应用

浙江华腾农业科技有限公司

当前，我国生猪产业发展面临诸多挑战，一是行情大起大落。猪价从历史高位下行到低位，且持续的低迷，这对生猪市场形成巨大冲击。二是疫病防控难。根据统计数据，因疫病因素使得我国每年生猪的非正常死亡率接近 30％。三是政府监管难。国内存栏生猪约有 4 亿头，规模大、分布广，由于缺少准确数据，政府难以开展有效监管。四是企业融资难。猪场生物资产的风险评估缺少数据支撑，生物资产抵押贷款目前还只在部分区域小范围试点，不能惠及大部分养殖企业。五是应用技术突破难。目前芯片还没有在猪只活体上开展规模应用的先例，试验和数据的积累不够，技术创新的效果还有待验证。

1　主体介绍

浙江华牧科技有限公司是浙江华腾农业科技有限公司旗下子公司，主要从事畜牧业数字化技术与装备的研发，为畜牧养殖的高产、安全提供高品质服务，以"三产"融合模块化驱动"数字牧场"建设。目前已结合芯片技术成功研发了"智能生物电子耳标"系统，可实现猪只个体身份识别，实时监测猪只温度、运动量、日龄等指标，建立猪只个体全生命周期健康档案。"智能生物电子耳标"系统应用前景广泛，可用于养殖场中猪、牛、羊等个体数据监测，也可用于政府对养殖场的数字监管，还可为金融保险等第三方服务提供精准可靠的生物资产数据。

2　应用情况

2.1　智能生物电子耳标系统介绍

"智能生物电子耳标系统"由智能生物电子耳标、智能网关、畜牧云平台、用户端数据呈现等 4 部分构成。

温度　运动　UHF标签

母猪、公猪、商品猪　　保育网关、育肥网关、母猪网关、车载网关、RFID网关等　　牧场云平台

2.1.1　智能耳标

（1）采用国产芯片，实现 4uA 的平均功耗，CR2032 可以达到 3 年使用，CR1632 可以使用 1 年

以上，性价比达到业界一流水平。

（2）防水、防震、防腐蚀等级达到业界一流水平。

（3）温度精度为±0.1℃。

（4）具有母猪、商品猪及大耳标（R 为 20mm）及小耳标（R 为 16mm）等多种配置，方便各种场景使用。

2.1.2 智能网关

（1）具有通用 4G、以太网、RFID、GPS 等各种应用场景的网关。

（2）防水、防腐蚀等达到业界一流水平。

（3）覆盖距离为 100m。

（4）实现 OTA 自动升级，方便问题定位及业务远程处理。

2.1.3 牧场云平台

（1）基于大数据建立一整套数据模型，包括掉标、死亡、发烧、坏标、毛刺、母猪发情、母猪生产、母猪配种等。

（2）提供基于大屏、PC 端和手机端的牧场业务预警应用系统。

（3）耳标与网关硬件管理系统。

（4）与银行贷款、保险投保及政府防疫等结合的增值应用系统。

2.1.4 数据呈现

目前已开发完成 WAP（无线应用协议）手机版、Web（全球广域网）电脑版、大屏显示版三种数据呈现方式。WAP 手机版实现接入网关、配置参数、数据监测、异常提醒、数据录入等功能。Web 电脑版主要包括后台管理、监测数据图表、耳标管理、数据报表、异常预警等功能。大屏显示版主要是数据统计汇总、曲线图表等。

2.2 具体应用

2.2.1 生猪活体抵押

将佩戴智能生物电子耳标的生猪进行编号登记，实行"一猪一码、一码一标"的动态管理，每头猪都有专属"身份证"。

2021 年 4 月 6 日，桐乡市数字畜牧活体抵押"智牧贷"第一单落户浙江华腾牧业有限公司，公司下属嘉华牧场、石湾牧场合计抵押活体生猪 5 000 头，获得贷款 1 000 万元。

2.2.2 改善牧场饲养环境

通过统计智能生物电子耳标监测信息，获取生猪的健康情况、猪舍的饲养数据，分析猪舍环境对猪只的影响，并根据数据提升优化猪舍环境。同时采用数字孪生技术，为每个猪场提供远程服务，

分享猪舍最优饲养环境模式。应用这种方式，预计生猪的成活率可提升 1/4～1/3，PSY 指数从 18 升至 26，相当于提升了 40％以上的产能。

2.2.3　与机器人联动

结合身份识别与视觉定位组网技术，与机器人联动，实现无人监管机器人注射，并记录注射信息等。通过无针头注射系统，实现轻接触/无接触的疫苗输注。

2.2.4　与保险业务联动

智能生物电子耳标系统实时监测生猪生命体征，自动统计并反馈生猪死亡数量、日龄、品种。保险公司无须上门即可实时精准定险，杜绝骗保，节约定险成本。耳标系统供应商和保险公司分享额外收益（根据嘉兴市的统计数据，生猪商业保险亏损比例为 110％，政策性保险亏损比例为 128％）。

2.2.5　强化政府监管

可提供辖区内生猪准确数量、分布状态、品种构成，地区的生猪死亡、生猪保供等数据，实现实时共享，进一步加强政府监管，减少疫情发生及扩散。

3　绩效分析

通过应用智能生物电子耳标系统，实现了生猪养殖从群体管理到个体精密智控的技术突破，可以为监管部门实时提供辖区内生猪存栏量、分布情况、防疫情况等数据，强化动态监管能力；也为养殖企业的贷款抵押、保险理赔提供可靠、准确的数据；还可为保供监测、精准育种、精密防疫和全链追溯等多个领域的场景应用提供支撑。

3.1　牧场养殖阶段

基于生猪佩戴智能生物电子耳标，结合牧场云平台，实现远程监测生猪数量、分布情况、健康状况等数据，进行统计分析。根据体温监测数据，及时发出猪只发烧、发情、死亡等预警消息，早发现、早处理；自动统计生猪死亡数量，记录日龄体重，减少数据误差，可免于现场理赔，降低生物安全风险。

3.2　食品安全领域

智能生物电子耳标与区块链技术结合，采集猪只出生时的品种、重量、健康状况等数据；养殖过程中的药品、疫苗、饲料、保健、驱虫、转栏等数据；屠宰过程中重量、膘厚等数据；冷链运输、分割销售等数据，并将数据直接写入区块链中，防止篡改数据，保障食品安全，消费者可在追溯系统中查询到真实数据。目前华腾牧场平均每头母猪年提供商品猪从常规养殖方式的 18.5 头提高到 26.5 头，增效达 43.2％。一个年出栏量为 30 000 头的猪场的用工量从 32 人下降到 10 人，用工节省约 70％。牧场总用水量节省 60％，各主要绩效指标均显著高于国内常规猪场的平均水平。同时，公司生态智慧牧场采用全生态养殖技术和智能化管理所生产的无激素、无抗生素、无重金属的"三无"健康安全精品猪肉，通过门店销售的"桐香"品牌高端猪肉，一头猪可卖 8 000 元，各个部位的猪肉价格比市场上普通猪肉高出 80％～100％，猪肝卖到市场价的 7 倍以上。

萤石物联云——畜牧行业专有云方案

——— 杭州萤石网络股份有限公司 ———

为了快速响应业务需求，企业基于短期投入、IT运维能力等因素考量，一般会优先采用公有云方案。目前，中国正处于后疫情时代和数智化转型升级的关键时期，传统行业包括畜牧行业应用的各类智能设备和传感器层出不穷，AI监控设备、智能传感设备、智能投喂设备等产品广泛普及且爆发增长，企业竞争上升到数字化层面。在生产流程可视化、生产信息可追溯化和生产设备智能化的大趋势下，在物联网、5G、大数据、人工智能等技术的助推下，面向行业的物联云可以实现包括环境监控、体征监测、精准饲喂、健康管理、垃圾处理等在内的畜牧生产全生命周期管理，推进农牧产业的数字化和智能化转型。在此背景之下，越来越多的企业在观望公有云的同时，更期望平台及数据可私有掌控，根据业务模型分析数据并挖掘其背后价值，探索平台型商业模式，降低规模化设备接入运营成本，最终实现企业利润增长。因此，畜牧业企业引入物联云以推动自身数字化转型升级，既是大势所趋，也是业务需求所在。

1 核心技术介绍

萤石是海康威视旗下互联网业务中心，萤石云作为全球化物联云服务平台，为企业客户提供以视频流媒体应用为核心的设备接入、AI、数据分析、消息传输等能力，连接并汇聚海量智能终端，服务于农牧、地产、交通、家居等垂直行业。

萤石畜牧业物联云是基于容器化技术的平台即服务（PaaS）平台，部署在企业自身的基础设施或私有云、公有云、混合云等多云环境之上，面向猪、牛、羊、鸡等畜类、禽类养殖类企业，承接畜牧养殖中智能化设备的接入（视频及非视频类），提供设备管理、用户管理、数据采集分析、场景联动等能力。

2 核心技术能力

2.1 海量接入能力

萤石畜牧业物联云支持多种联网协议，包括网络协议：有线、WiFi、BLE、ZigBee等；应用协议：萤石开放协议、GB28181、JT808。具备全球海量设备接入能力和运营实践，已接入上亿视频类设备，积累数千万级注册用户，确保系统正常运转。

2.2 全球领先的视频技术

支持弱网下的传输能力、支持视频低成本运营、拥有覆盖全国的流媒体优化网络、百万级＋视频高并发能力，支撑同时进行视频调阅，保证画面不卡顿、快速视频调看能力，保障各行业一线人员高效实时掌握现场情况并及时处理。

2.3 卓越的 AI 技术

丰富的 AI 算法和能力助力效率提升，包括体重估算、运动轨迹识别、声音识别等，边缘算力管理，云边结合提升 AI 体验。

2.4 高可靠性设备管理能力

支持基于差分技术的设备固件 OTA 升级，提供 99.9% 的可用性保障服务，可同步更新萤石基线平台的最新技术成果。

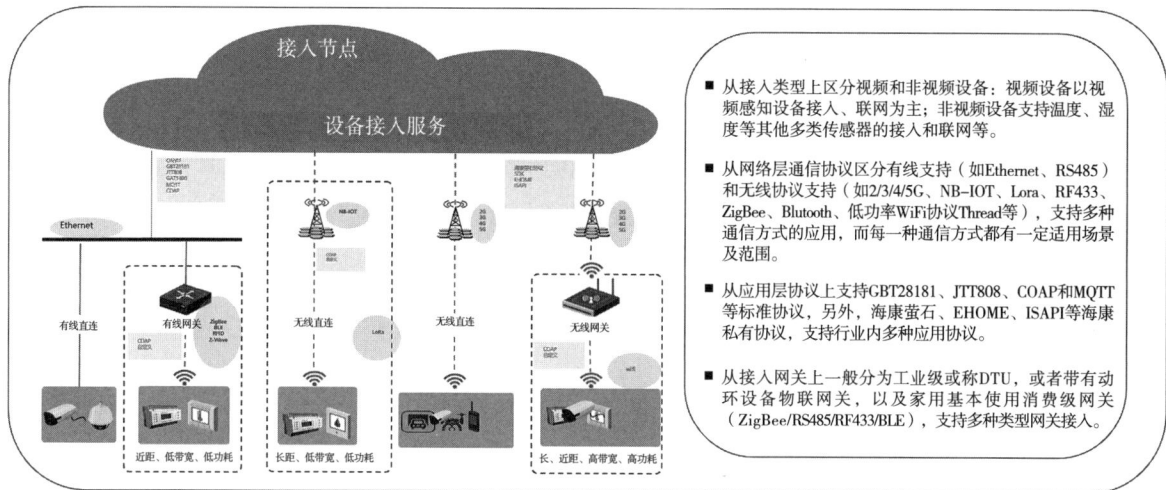

- 从接入类型上区分视频和非视频设备：视频设备以视频感知设备接入、联网为主；非视频设备支持温度、湿度等其他多类传感器的接入和联网等。
- 从网络层通信协议区分有线支持（如Ethernet、RS485）和无线协议支持（如2/3/4/5G、NB-IOT、Lora、RF433、ZigBee、Blutooth、低功率WiFi协议Thread等），支持多种通信方式的应用，而每一种通信方式都有一定适用场景及范围。
- 从应用层协议上支持GBT28181、JTT808、COAP和MQTT等标准协议，另外，海康萤石、EHOME、ISAPI等海康私有协议，支持行业内多种应用协议。
- 从接入网关上一般分为工业级或称DTU，或者带有动环设备物联网关，以及家用基本使用消费级网关（ZigBee/RS485/RF433/BLE），支持多种类型网关接入。

3 应用效果

萤石畜牧行业物联云方案，帮助畜牧业企业更好地实现数字化管理和智能化升级，获得长期经营的成本优势，其应用效果包括如下几点。

3.1 安全性

IoT 接入的用户数据、设备数据、运营数据等都可以私有化存储在本地，方便企业掌控数据安全。

3.2 成本规模效益

投入一次基础设施建设和物联云费用，持续享受公司自有 IoT 云的服务能力，在规模化后相对公有云的长期投入更具成本优势。

3.3 个性化服务

支持固件、App、云平台等个性化深度定制，满足客户多样需求。模块化设计可实现自由组合，按需定制。

3.4 多维利旧

物联云平台搭建后，可以兼容原有公有云上的用户体系、设备关系、数据存储、业务功能，保障原有业务的连续性，保护既有投资。

4 应用案例

以某国内生猪养殖及销售龙头企业为例：萤石畜牧行业物联云方案帮助该客户搭建私有化视频中台，满足全球视频设备接入，实现统一管控几十家分公司视频内容，通过平台支撑其业务系统应用，包括覆盖"养运屠"的全链路图像溯源信息，畜禽个体安全监控，出入口人员监控等，保障畜禽安全以及重大事故防范预警能力，同时通过数据分析驱动决策，彻底提升管理效率、运营效率及盈利能力。

经过客户反馈和项目跟踪，该平台产生以下显著效益。

4.1 生态效益

系统通过布设在畜禽圈舍内的物联网传感设备和监控摄像机，实时监测与控制温室内生产环境信息，保证畜禽个体始终生活在一个良好、适宜的环境中，切实提高养殖管理水平，使畜产品产量和品质得到直接提升，杜绝滥用抗生素，有病立即治，引领当地养殖户、养殖企业走上高产优质、安全可靠、资源节约、环境友好的现代畜牧业发展道路。

4.2 经济效益

平台代替人眼进行 24h 不间断盯防，及时发现动物异常，第一时间进行处理，大大节省养殖人员在日常看护上投入的人力和费用，提高间接经济效益。

4.3 社会效益

畜禽养殖场地处偏远，因监管人员有限，传统的"走访巡查"方式很难对全局监管到位，系统可以实时上传环境监测数据和视频监控图像数据，使政府人员实现对当地所有接入系统内的养殖过程进行统一监看和督查，还可为后期养殖技术研究、资源合理调度、畜产品质量安全追溯、大数据分析等不断积累基础数据。

发展前景 | 构建统一架构平台

EZVIZ萤石

平台充分利用物联网、可视化、人工智能、大数据等技术，构建统一的视频物联网接入管理PaaS平台，围绕智能养殖和生物安全管控等核心业务方向，向上对接从养殖到运输再到屠宰的SaaS监管子应用群，提高生产管理效率。

01 智慧养殖

- 养殖环境监测：传感器数据
- 病死猪监测：热成像温度值
- AI数猪等人工智能：结构化数据
- 活动量统计：平台算法策略

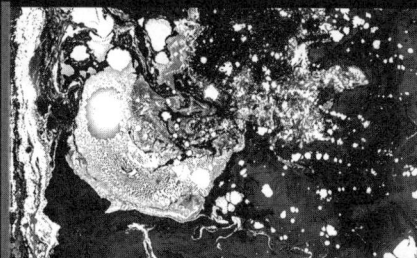

02 生物安全

- 车辆洗消管控：IoT
- 人员洗澡管控：IoT
- 物资消毒管控：IoT
- 衣服颜色识别：AI结构化数据

大连商品交易所 DCE 生猪交割监控系统项目

成都睿畜电子科技有限公司

1 项目背景

大连商品交易所是经国务院批准的四家期货交易所之一，也是中国东北地区唯一一家期货交易所。经中国证监会批准，目前在大连商品交易所已上市的期货品种包括生猪、玉米、玉米淀粉、黄大豆1号、黄大豆2号、豆粕、豆油、棕榈油、鸡蛋、纤维板、胶合板、线型低密度聚乙烯、聚氯乙烯、聚丙烯、焦炭、焦煤、铁矿石、豆粕期权。通常当这些期货商品交易进入合约的交割期，为方便合约的买卖双方实现货款兑付，完成交易。期货商品交易会在实物交割商品主产区或主消费区设立商品存储的交割仓库。

由于生猪等品种养殖区具有检查人员无法进入的特殊性质，为了解生猪交割库日常管理及交割现场情况，及时做好交割管理，并为交割流程中责任判定提供依据，亟须对交割库猪场进行智能化改造，提出适用标准。

2 应用价值

睿畜科技通过采用物联网设备、视频设备等技术设备对生猪交割仓库进行监管改造，并通过采用物联网、数据采集以及微服务、App 等互联网应用技术，完善对猪场生猪交割商品的控食情况，对均一度估重进行监管，构建横向合作监管体系。可以建立起一套集监控、大屏展示、数据分析于一体的全方位、多角度、分时段的生猪交割监控系统。实现在生猪交割科技监管领域的积极探索，以保障交割业务平稳进行。

通过智能设备自动获取交割过程中的关于猪只数量及体重数据，有效改善以往生猪交割工作中人工盘点的效率及准确性，提高期货交割管理效率，并为交割流程中责任判定提供依据。有效满足卫生防疫要求，降低防控交割风险，减少人员进入生猪等品种养殖区，同时建立透明、真实的交易氛围。

3 核心技术介绍

3.1 仓库端控食监控

仓库端控食监控部署，主要是针对栏位内生猪所在圈舍进行出栏前6h控食监控。在部署过程中的相关摄像头选型，会采用主流品牌海康公司的摄像头，通过使用海康主流智能监控设备，配合睿畜开发的移动端操作，对生猪圈舍内出栏前料槽控食情况进行实时监控。目前主要通过监测料槽内余料以及料线电机运行状态，双重确定是否出现异常投喂情况。

在日常原有饲喂过程中，料线进行放料到料槽内，在部署设备后，监控过程利用 AI 计算机视觉的方式，对料槽余料监控。对原有操作饲喂不影响，都是无感数据收集方式。

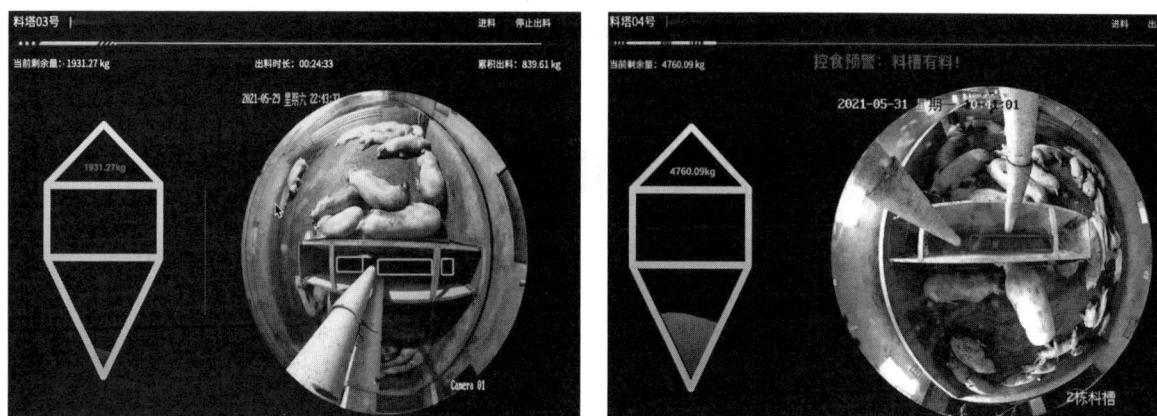

3.2 仓库端称重监控

在交割仓库称重管理业务中，均一度测重监控内容尤为重要。通过生猪交割监控系统可以准确获取当前猪只重量情况。

通过现场安装生猪过猪通道以及数据采集组件，安装时将生猪过猪通道放置于原有赶猪通道处固定即可，并将采集组件扣在生猪过猪通道上方架子即可完成安装，实现了即插即用。安装拆卸过程中，无须专业人士即可完成，简单快捷，也可反复安装使用。

采用无感数据收集方式，因此在整个数据收集过程中，对原有工作流程不会存在任何影响。现场工作人员只需按照原有工作流程，将生猪从栋舍赶出猪舍，并沿着赶猪通道赶上车辆，此时生猪经过过猪通道时，系统会自动采集相应数据，同时自动传输处理，目前我们能够做到点数准确率100％，测重准确率个体体重估算精度达到90％以上，群体体重估算精度达到96％以上。在整个数据采集或处理过程中，只需要工作人员通过手机软件点击"开始任务"，等待将猪只全部赶上车后，点击"结束任务"，即可完成本次任务，系统将自动把数量、重量等数据显示到计算机 Web 端、交割 App、交易所端监控大屏上面，便于远程查看，同时也可以查看售猪实时视频以及调看历史视频。在视频播放的同时，展示内容还会包含点数、估算个体体重、计算体重分布与均一度情况等内容。

AI 智能盘猪估重系统方案运用

江苏普立兹智能系统有限公司上海分公司

现代养猪业采用集中养殖方式，养殖密度大，管理复杂程度高。为了解决这些问题，把先进的人工智能技术引进到生产管理的过程中，从而进一步提高了生产管理水平。

普立兹人工智能养猪系统由摄影仪、交换机、硬盘录像机、智慧引擎运算服务器和手机 App 软件组成。系统通过安装在猪舍栏位上方的摄影仪实时采集猪只影像，利用光纤传输到硬盘录像机并上传至运算服务器，服务器对接收到的影像进行智能分析和处理，从而让用户可以远程在手机上随时随地查看猪只数量及日增重等数据，改变了传统上依赖个人经验的不可靠，提高了效率，且不会对猪只产生任何应激，帮助养猪场提高养殖业绩，真正实现了智慧养殖新模式。

1 系统方案组成

系统由摄影仪、交换机、硬盘录像机、智慧引擎运算服务器和手机 App 软件组成。

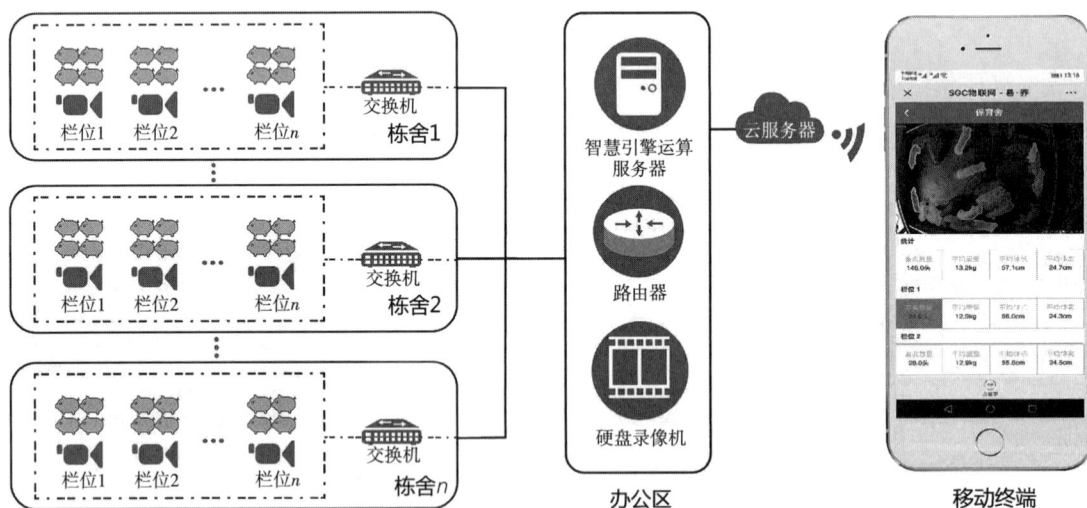

2 系统功能

2.1 猪只盘点

通过摄影仪将每个小栏猪只影像实时上传到后台智慧引擎运算服务器，然后通过后台软件算出猪只数量，通过手机端可以实时查看。

2.2 猪只体重

通过摄影仪将每个小栏猪只影像实时上传到后台智慧引擎运算服务器，然后通过后台算法预估出猪只的平均体长体宽，再根据猪只的密度预估出平均体重，通过手机端可以实时查看。

2.3 猪只打堆预警

每个小栏猪只实时视频信息传到后台的智慧引擎运算服务器，通过后台软件算法，如果发现猪只打堆现象会立刻发出警告，饲养员得到信息后可以进行人为干预，从而避免猪只踩踏死亡事件。

视频监控每只小栏正对一只摄影仪，可以实时监控猪只的动态，全程无死角，通过手机 App 可以随意点击查看。

3 系统优势

3.1 准确度高

在确保摄像头无任何脏污及遮挡，人眼远程通过视频画面可以随时分辨清楚猪只个体的情况下，保守估计，盘点准确度可以做到 98.5％以上，估重的精度在 92％以上（若客户配合提供现场数据供 AI 系统做深度学习，精度还可以再提高）。

3.2 覆盖场景全

覆盖场景包括：产房仔猪、保育猪、育肥猪、后备母猪、出猪台、死猪摆放区。

小科爱牧智慧养殖大数据平台

—— 青岛科创信达科技有限公司 ——

小科爱牧智慧养殖大数据平台由青岛科创信达科技有限公司团队开发，充分利用 5G 技术，将与养殖场息息相关的环境数据、设备运行数据、告警数据、养殖数据、水电料数据、视频监控等海量信息通过 5G 实现近乎无延时地传输到云平台变为现实，使得用户随时随地可以掌控自己的农场状态，获得"身临其境"的体验。

目前平台已经累计服务多家养殖场，接入的智能硬件数超过 20 万台。平台通过大数据、云计算不断地优化养殖参数，改进养殖工艺，为每一个养殖场谋划出更优的养殖策略，实现其降本增效，提升品牌影响力。项目将颠覆传统养殖模式，加速畜牧业数智化的进程。

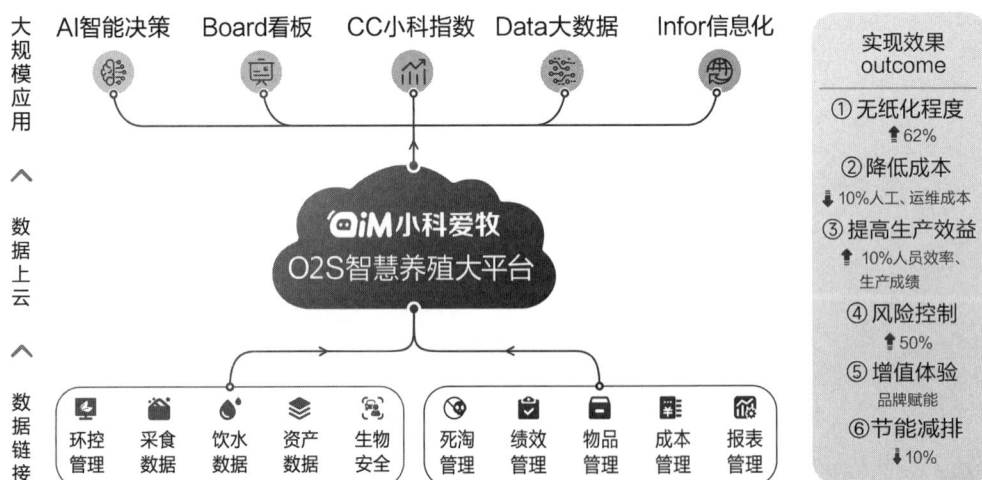

1 核心优势

平台采用最主流的技术栈，前后端分离架构，一套后台服务，同时运用于 Web/App/小程序/微信公众号等，效率高，易维护，后台基于 Spring（SpringBoot/SpringCloud/SpringSecurity 等）提供组件丰富、功能齐全的服务，Json 格式数据交互，面向资源，一目了然。前端使用当前主流的 Vue 3.X 框架，适配性极强。App 采用原生开发，功能齐全且响应速度快，用户体验佳。用户在海量数据下可以迅速获取自己所需的数据。平台采用多级冷热数据分层技术，使用更低的硬件成本，进行更快的数据处理，使用户获得更佳体验。高效的服务器集群技术，秒级的宕机检测自恢复机制，保证服务的高可用性。数据库采用读写分离、一主多从来保证数据的高可靠性。同时，集团、农场、农舍精细到设备精细化权限访问控制机制，保证用户养殖场控制的安全性。针对当前集团内养殖存在的诸多痛点：数据孤立、信息孤岛导致办公效率低下；人工管理大量生产数据费时费力易出错；养殖场的实时状态无法及时感知，生物资产损失；农舍的状态部分或大部分依赖人工控制、手动操作，控制难度大；数据由于没有信息化、数字化，导致无法进行有效分析，大量的有效数据无法融合分析，无法为工艺的持续优化提供宝贵的支持。

基于以上痛点，小科爱牧智慧养殖大数据平台将传统的物联网平台与专门为养殖深度定制开发的 ERP 系统、OA 办公系统、ARS 应收账款系统、EQ 电子报价系统进行了全面打通，深度融合，整个集团员工只用一套系统，全方位的数据闭环，极大地降低了企业的管理成本，提高了企业的生产收益。将物联网智能化感知、信息传输和智能控制技术等与养殖业深度融合，利用先进的智能硬件技术，实现养殖生产全过程的可视化诊断、远程控制以及预警报警，为养殖农户提供养殖数智化、洗消烘干、IB^2S 智能楼房、集中报警解决方案，实现高效、生态、安全的现代化畜牧养殖。

2 应用案例

已服务山西大象集团、新希望六和集团、正大集团、东方希望集团、武汉金龙集团、湖南佳和种业、亚太中慧集团、美国泰森集团、信得养鸡大学、海阳鼎立集团、烟台大地集团等企业，获得业内好评。与山东省疫控中心、德州畜牧中心、青岛畜牧站等政府单位达成战略合作，在生物安全体系建设与大数据平台建设方面进行了深入合作。

MTC 智慧农场云解决方案

———— 上海麦汇信息科技有限公司 ————

　　MTC 智慧农场云解决方案，使用数字化技术实现养殖生产过程数据的自动采集和分析，实时获取真实、透明的动物资产与养殖过程数据，为农牧企业提供精准的数字化管理数据基础。为养殖企业建立起基于农场和生物个体/群体的养殖生产标准、计划管理、生产作业管理和多维度绩效分析，根据农场存栏数据、生长阶段、产能实现养殖计划的自动运行，帮助农场实现良性可循环的满负荷均衡生产。

1　方案特点

　　MTC 智慧农场云解决方案是基于 Web、移动应用和物联网相结合的综合解决方案。方案是一个开放的平台，可与其他业务系统对接，如 ERP 系统、环境控制系统或物联网系统。通过对养殖管理的过程管理，建立标准化、精细化的生产流程。同时，为实现业务财务一体化和建立质量追溯体系打下数据支撑。移动应用和物联网提供的农场环境监测，真正做到现场移动办公，及时发现、处理问题，使公司管理层实时掌握养殖场的实际情况并及时提供指导。Web 和移动端的数据分析工具，为管理者提供全面的决策信息支撑。

2　核心功能介绍

　　（1）进销存管理。加强上下游系统，建立一体化的供应链体系。

　　（2）养殖管理。建立标准化过程管理系统，为经营决策、成本和质量管理打下基础。

　　（3）成本管理。建立多维度的成本核算管理模型。

　　（4）计划管理。制订标准流程计划，规范工作内容。

　　（5）物联网。集成硬件，做到实时数据展现反馈。

（6）主数据管理。建立农牧企业完整、统一的基础数据管理平台。

3 行业意义

3.1 平台化

建立了统一的信息平台。包括开发灵活的信息平台、业务处理的作业平台、日常管理的工作平台和数据分析的决策平台。

3.2 流程化

流程化包括工作内容流程化、工作方法标准化、工作成绩透明化、工作考核体系化。

3.3 数字化

数字化包括生产经验标准化、工作成绩数字化、对比分析图表化、异常情况因素化。

猪场智能保温灯控制系统

斯维垦智能科技（深圳）有限公司

在欧洲，超过 500 个农场应用斯维垦饲料传输系统以及智能通风产品，斯维垦智能科技（深圳）有限公司作为一家为畜牧业提供机械化与自动化解决方案的企业。2019 年进入中国市场，致力于提供智慧养殖基础设施及解决方案，打造清洁友好、智能管理的牧场，以提升动物健康和福利，使牧场主降本增效，为智能化、可持续化的畜牧业发展做贡献。

1 斯维垦智慧猪场物联网解决方案

1.1 斯维垦智慧猪场物联网解决方案

针对中国猪场特色，深耕场景，运用机器人、AI人工智能、物联网技术，帮助猪场减少人力投入，提高管理效率，降低生物安全风险，逐步向无人猪场方向发展，给客户带来良好的投资回报。

1.2 斯维垦智能保温灯控制系统

实时采集舍内环境温度，通过智能算法精准控制输出电压，从而自动控制照明温度，用户可在平板 App 上远程管理保温灯，并查看相关数据及报表分析，彻底解决仔猪扎堆取暖或远离保温灯的问题，帮助用户降低人力成本和电力成本。

2 产品功能

2.1 自动温控

内置温度探头，实时采集栋舍内环境温度，根据小猪不同生长阶段所需温度，通过后台智能算法自动调整灯泡发热功率，精准控制保温温度。

2.2 远程管理

通过平板 App 远程批量控制保温灯的开关、温度调节、模式设置等。

3 产品优势

3.1 高效节能

保温灯瞬间加热，取暖迅速，能快速达到系统设定温度，当温度到达目标温度时，系统会自动关闭保温灯。

3.2 经久耐用

优质铝合金保温灯罩，抵御猪场恶劣环境侵蚀，防水耐高温。

3.3 安全可靠

金属防护网，开合自由，防水防锈耐高温。

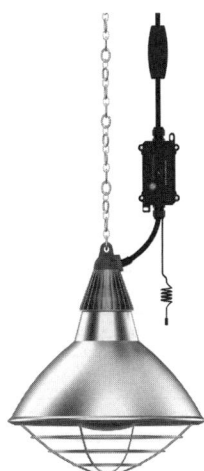

一款超级省电的智能保温灯

- 防锈铁链，2m 长度，根据需要可灵活调节悬挂高度
- 耐高温陶瓷灯头，阻燃、散热性能好
- 铝合金灯罩，耐高温涂层，防止氧化
- 手动两档开关，简单快捷
- 小体积智能控制终端，安装便捷
- 内置高精度测温探头，精准感知环境温度
- 防护网罩，有效防止烫伤，易拆易维护易清洁

3.4 高效节能

可节约 46% 以上电费，保温灯瞬间加热，取暖迅速，能快速达到系统设定温度，当温度到达目标温度时，系统会自动关闭保温灯。

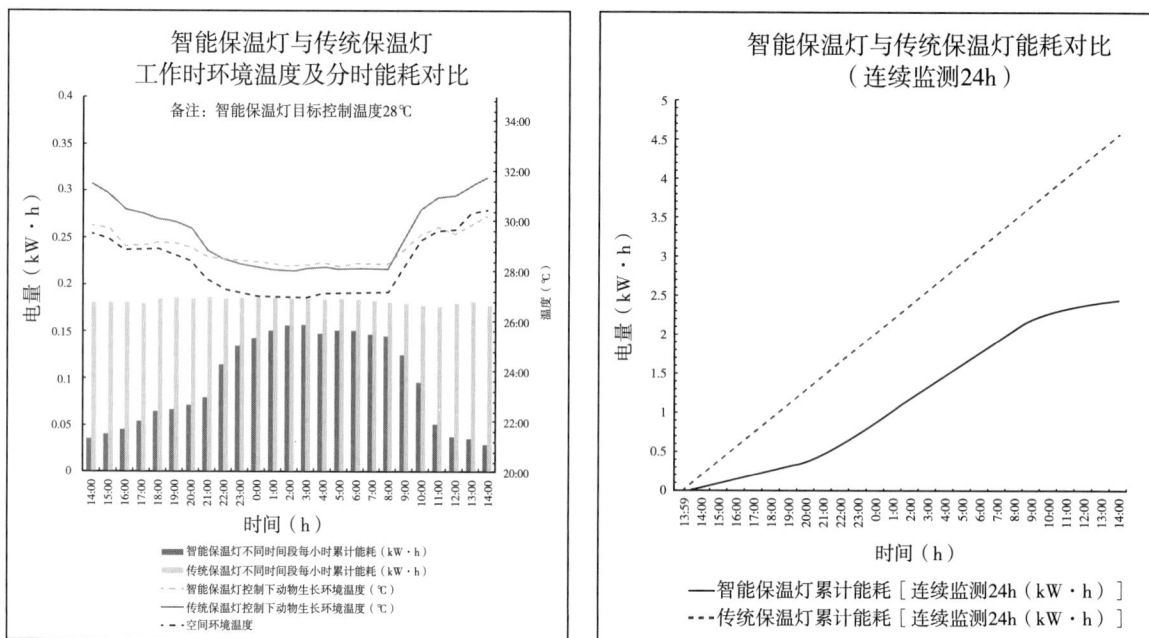

通过图表看出，智能保温灯连续工作 24h（目标温度 28℃），总计能耗为 2.441kW·h。传统保温灯（额定功率 175W）满功率连续工作 24h，总计能耗 4.574kW·h，智能保温灯节约能耗 2.133kW·h（节能约 46%）。电费按照 0.493 元/（kW·h），100 盏灯，30d，智能保温灯电费总计约 3 610.2 元。传统保温灯电费约 6 764.9 元，100 盏智能保温灯相比传统保温灯节约费用 3 154.7 元。

4 发展前景

生猪养殖中，适宜的生长环境温度是猪群良好生长的基本条件，尤其是对于产房的母猪和仔猪来说。而母猪和仔猪对于温度的需求不一样，如果产房温度过高，会影响母猪的采食量。频繁起卧，也会增加仔猪压死概率，同时如果仔猪的生长环境温度过高或过低会影响猪仔的生长并增加患病的概率。因此猪场要做到"大环境适温，局部保温"。局部保温则是在仔猪栏增加保温灯，这样有利于仔猪健康成长，提升仔猪存活率。

小猪出生天数	生长阶段	温度需求
1d		32~34℃
1~3d		30~32℃
4~7d	哺乳期	28~32℃
1~2周		26~28℃
2~3周		24~26℃
3~5周	保育期	24℃
5周以后	育肥期	和环境温度一致，但不低于 18℃

目前市场在售的保温灯产品，主要是 2 档控制保温灯亮度，并不能实现精准调节。有时候温度

太低仔猪会扎堆取暖造成踩踏，保温灯太热时仔猪远离保温灯容易着凉。针对以上问题，普遍的应对方法是：在小猪生长的不同阶段，手动调整保温灯悬挂高度，反复调节，人工成本巨大。

斯维垦智能保温灯控制系统，实时采集舍内环境温度，通过智能算法精准控制输出电压，从而自动控制照明温度，用户可在平板 App 上远程管理保温灯，并查看相关数据及报表分析，彻底解决仔猪扎堆取暖或远离保温灯的问题，帮助用户降低人力成本和电力成本。

智能饲喂系统

江苏华丽智能科技股份有限公司

智能喂养系统以其高效和智能化管理、显著的经济效益备受养殖场青睐。在减少生产劳动力、提高动物福利待遇、保障生产安全和降低养殖成本方面有显著成果。为满足市场需要，华丽科技研发全新一代智能饲喂系统，根据每头猪只情况进行精准饲喂，确保每头猪只的膘体控制到最佳状态。

1 智能饲喂系统分类

1.1 保育猪饲喂

根据猪只大小和数量自动制订群体采食计划，智能湿料饲喂，肠胃应激小，适口性好，小猪更爱吃，剩料监测，食槽不剩料，小猪不挨饿。肠胃应激小，小猪吃得多，减少饲料浪费。

1.2 育肥猪饲喂

根据猪只大小和数量自动制订群体采食计划，采用智能的无线生物传感器探测猪只的采食活动和食槽剩料，通过下料装置和电磁水阀实现精准水料投放和控制，提高猪只采食适口性。减少饲料浪费，提前 10d 出栏，猪群更均匀。

1.3 配怀栏饲喂

在能够提供大量运动的大栏里，每头母猪佩戴一个电子耳标，母猪凭借电子耳标进入电子饲喂站进行采食，根据每头母猪情况精准饲喂，确保每头母猪的膘体控制到最佳状态。同时大栏位饲养提供给母猪运动空间，让母猪自由活动，健康、顺产，使用年限长。猪群福利好、饲养更轻松、饲喂更精确、管理更精细。

1.4 定位栏饲喂

可以对妊娠母猪达到精准定量饲喂，根据每头母猪体况、采食量、营养需求不同实现精确饲喂，节省饲料。

1.5 分娩栏饲喂

安装在产床前门或者自动料线上，根据产前产后母猪饲喂计划精准饲喂，提高哺乳期母猪采食适口性，最大化采食量的同时减少饲料浪费和剩料，从而提高母猪的泌乳能力，提高产房仔猪断奶重量，降低死亡率，减少母猪背膘损失。

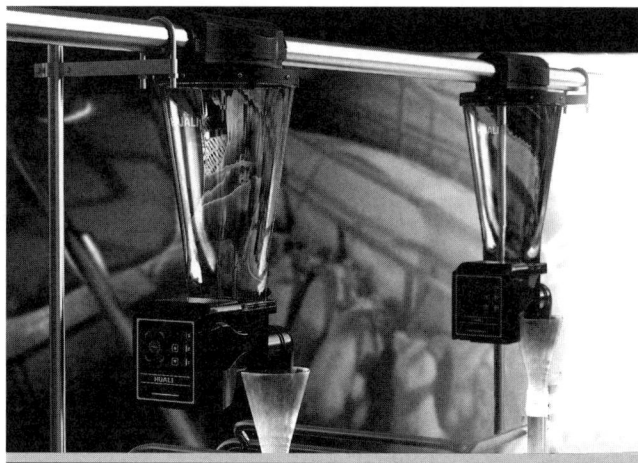

2 应用效果

(1) 哺乳期母猪每天采食量增加 350g 以上，间接增加仔猪断奶重量，提高效益。

(2) 母猪断奶体况保持良好，缩短断奶到发情的间隔周期 1.5d 左右，减少非生产天数。

(3) 母猪体况良好，怀孕期饲料消耗减少 25kg 左右。

(4) 提高母猪分娩率 6%，产仔数增加 1.5 头。

(5) 母猪使用胎次增加 1～2 胎，提高利用率，节省成本。

3 系统六大优势

(1) 有效维持母猪哺乳期所需要的采食量，让母猪有更好的断奶体况。

(2) 哺乳期分泌更多的奶水，让整窝仔猪断奶时获得更大的断奶窝重。

(3) 缩短母猪断奶与发情间隔时间，减少母猪非生产天数。

(4) 减少妊娠期用于调整母猪体况所需的饲料消耗。

(5) 增加下一胎分娩率和产仔数量。

(6) 延长优秀母猪使用年限。

4 产品特点

(1) 哺乳母猪在产房能够实现持续自主采食。

(2) 母猪采食阶段可以即时获得新鲜饲料。

(3) 严格 100% 执行饲喂曲线。

(4) 缓解猪场因人员流动性大，造成猪场生产管理的压力。

(5) 根据母猪胎次给每个母猪进行个性化饲喂。

(6) 进一步发挥优秀母猪的采食潜能。

(7) 避免产房母猪的饲料浪费现象。

农牧物联网 AI 智能牧场整体解决方案专家

—— 长沙瑞和数码科技有限公司 ——

凭借 10 余年农业物联网领域的技术积累，瑞和科技研发了具有自主知识产权的 SWARM（self-organized wireless multi-agent co-control system）技术平台，它利用的是抗干扰和抗毁性的无线通信与控制技术。该系统通过自组织无线多智能体协同控制系统技术平台，实现了不同生产子系统间的信息数据实时交换和多类型生产设备间的生产协同，是农业恶劣环境下物联网设备系统长时间稳定可靠运行的基本保障。

瑞和智能畜牧物联网平台与设备系统，由分布式环境控制系统、智能精准饲喂系统、智能料线控制系统、刮板控制系统组成，各系统间任务精准协同，数据无缝融合，完全打通了传统设备系统之间的信息孤岛，实现了各设备系统的互联互通。

1 对猪场生产现场管理的应用价值

1.1 能及时（提前）发现问题

实时监测和反馈每一台设备运行状态，精准感知电机性能，可以及时发现设备运行异常，提前预警。应用效果见下图。

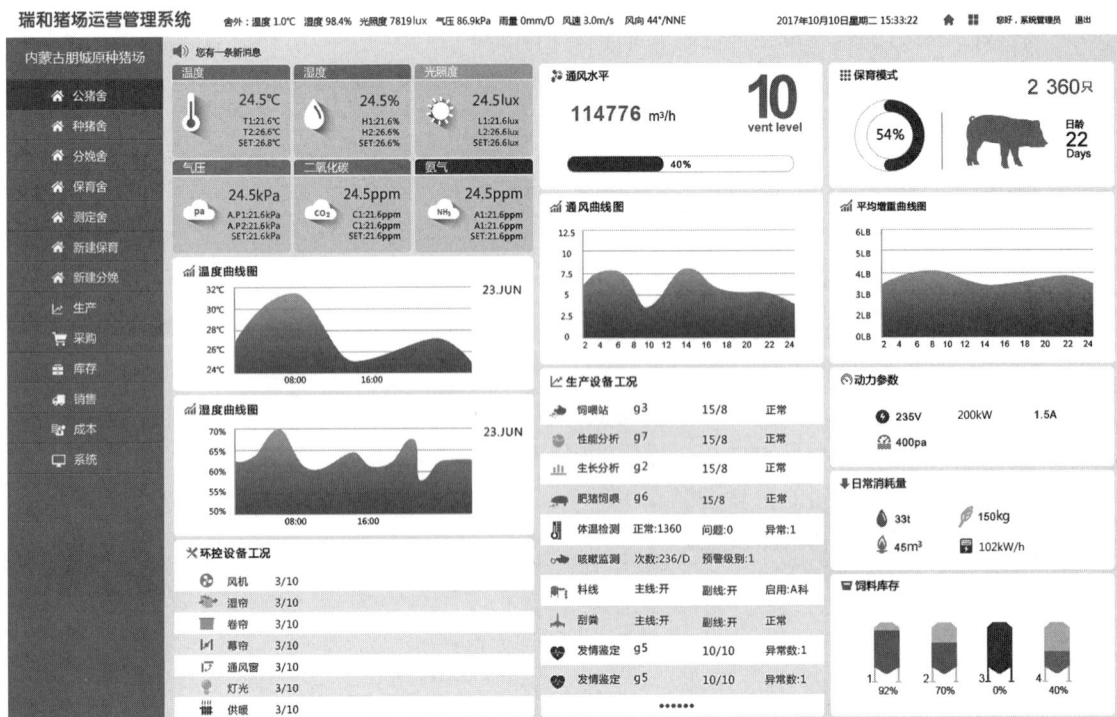

1.2 减少人工、提升工作效率

自动运行的设备系统，免去饲喂、环控、打料、刮粪等人工调控工序；精准监测猪舍环境以及设备运转，无须人员值守。

1.3 降低能耗

精准的设备控制和系统联动，能有效降低 5% 以上的饲料浪费和 30% 以上电费和维护运营费用。

1.4 提高生产成绩

科学的饲喂曲线和精准控料设备，结合控制稳定的猪舍环境，能缩短母猪的备孕时间 3～4d，延长 2 个母猪生产周期。肥猪料肉比降低 0.1～0.2。

2 应用价值

（1）生产透明化、标准化之后，能够通过数据及时发现现场问题，及时督导解决，减少生产与管理漏洞，并且可以同时监管多个猪场，提高管理效率。

（2）数据服务平台统一的 API 接口（管理资源的整合），快速实现生产设备数据与集团管理平台与业务系统的无缝对接，为公司（集团）的资产核算、产销业务、发展策略等提供数据决策基础。目前是数字化、网络化的基础生产设备系统，是将来实现智能化生产不可或缺的基础设备。

这个系统能够自动获取生产环节多维度真实数据，建立综合影响猪只生长的各种因素的数据模型，生成最优化的生产策略，并用精准化的调控能力去实现最优化的生产，做到真正地智能化养殖，真正地降本增效，发展前景巨大。

智能育肥物联网管理系统 3.0

—— 省饲儿·养猪机器人 ——

1 核心技术

1.1 智能饲喂（含保育和育肥）

用人工智能算法，形成自我学习猪只采食习惯的能力，并适时完成投料饲喂是省饲儿养猪机器人的最基本功能。

1.2 智能环控、智能供水、智能供电、智能供料

省饲儿养猪机器人不仅仅是一台猪的智能料槽，同时也是一台多种传感器的集成设备，可适时检测猪场缺水、缺料、断电及环境（温度、湿度、氨气、二氧化碳）等数据并同步于猪宝（用于管理养猪机器人的智能硬件，每舍一台）。

猪宝将环境数据用于控制风机、水帘、通风窗开闭，实现智能环控功能。

通过自研的集成于养猪机器人的断水传感器，猪宝可将缺水信息用于控制备用水泵开启，实现智能供水功能。

通过自研的集成于养猪机器人的断电预警模块，猪宝可将断电预警信息用于控制备用发电机，实现智能供电功能。

通过自研的集成于养猪机器人的断料传感器，猪宝可将缺料信息用于控制料线开启，实现智能供料功能。

1.3 智能盘点、远程慧诊、智能考评、智能溯源、智能饲养、远程慧修

省饲儿养猪机器人也是料量、环境、个体、盘点、采食行为等数据的发生器，在饲喂的同时上述数据皆同步于猪宝并上传至云端智能猪场，实现智能盘点、智能疾控、智能考评、智能溯源等功能。同时根据需要通过智能终端下达决策指令，实现一键清料、一键升级、一键调整水料比、一键购料、远程慧修、远程慧诊等功能。

1.4 智能硬件在猪舍的应用

每栏安装 1 台或两栏公用 1 台养猪机器人，使用 1 台猪宝和 1 台环境控制器进行饲喂管理和环境控制。

1.5 智能育肥中央管理系统

养猪机器人、猪宝、数据流、云端智能猪场 App 及各项智能功能构成智能育肥物联网管理系统 3.0。其中所有的数据交换都无须布线，均通过无线方式获取（环境控制器与风机之间为有线连接），

在育肥中央控制室只要有一台大屏或全球任何地方仅需一部智能手机，即可完成全场智能育肥的中央管理。在集团总部仅需要一台大屏或全球任何地方仅需一部智能手机即可以实现全国猪场的中央智能管控。

智能育肥物联网管理系统3.0

2　应用效果

采用智能育肥物联网管理系统3.0饲喂育肥猪，猪只表现毛色好、上料快，减少转栏应激，每台养猪机器人可饲喂40头育肥猪，平均可提前10d出栏。育肥后期猪只每天基础代谢所需饲料为1kg，使用养猪机器人3.0饲喂，批次周期内可节省400kg育肥料（10d×1kg×40头）。如果一年内饲养2.5批次育肥猪，每台机器人累计可节省育肥料1 000kg左右。粥料饲喂，可以减少育肥猪来回去饮水碗的次数，从而可以减少水、药、料约10%的浪费。应用案例如下：

根据东北一家使用养猪机器人的育肥场饲喂数据显示，该场2017年12月25日入栏三元猪只2 000头，2018年3月18日出栏1 961头。饲养天数为83d，死亡39头，成活率为98.05%。入栏均重为29.5kg，出栏均重为111.50kg，平均增重为82.00kg，平均日增重为0.99kg。

3 发展前景

养猪机器人生成的水、电、料、环境、个体信息等数据，通过智能决策形成智能猪场模式，没有按键、无须操作，减少用人、杜绝人为干预猪只采食和数据采集，为无人猪场的实现创造了条件。猪场的饲喂数据、个体数据、环境数据均从养猪机器人发出，所有数据全部通过无线获取，无须另行布线，并可根据上述的数据实现疾病的智能预警，只要有智能手机或大屏即可以实现猪场的中央管控。养猪机器人在完成饲喂的同时即可解决猪场数据问题，无须增加其他存储硬件，数据成本低廉，只要有无线通信信号即可。

荷德曼一站式数字养殖平台

——基于智能物联网养殖平台 AIoT 的智能养殖解决方案

———— 广州荷德曼农业科技有限公司 ————

1 行业现状分析

"互联网＋数字农业"新技术的应用，IT 技术的快速更新；人口红利消失，劳动力资源问题及成本上升；消费者对养殖过程透明化需求以及质量要求越来越高；非洲猪瘟形势依旧严峻等因素对养殖行业的技术、管理方式带来极大冲击，促进产业结构重塑，推动养殖行业进行转型升级。

1.1 黑盒养殖

当前生猪养殖行业整体信息化程度较低、信息化接入较晚，传统猪场养殖基本呈现"黑盒养猪"的业态。投入产出不清晰、生产过程不透明，整体行业财务管理较为滞后，只能实现一"进"一"出"的财务管理，中间环节有效的财务管理缺失，且较为粗放。

1.2 养殖软硬件管理不集成，猪场数字化运营和猪场设备管理分割

市场养殖平台多为软件系统，输出的管理决策数据仅停留在 PC 端或者移动端上，而通过物联网管控平台对猪场设备进行管控却又是另一个系统，生产管理人员要在两个系统之间不断切换方能完成整个猪场的管理。

1.3 系统功能性单一

当前各中大型企业使用软件平台不一，功能杂乱，缺乏统一有效的数据管理机制。独立的平台相对功能不够齐全，整体信息分散，安全性保障较低，导致效率过低，缺乏竞争优势。

1.4 数据安全性问题

中小养殖户对养殖平台的需求旺盛，但中小养殖场缺乏专业的 IT 人员及相应配套设施，后续平台软件的安全运行难以得到保障。部分养殖平台数据安全建设薄弱，用户信息被破坏或泄露的可能性较大，难以实现数据安全性保障。

2 数字养殖平台介绍

荷德曼自主研发的"数字养殖平台"以智能物联网养殖平台 AIoT 为依托，可实现全方位的物联网系统监控。对养殖过程效益分析进行精准化管理，为实现数字化农业养殖提供核心支撑，全面实现养殖过程信息化。数字养殖平台主要分为三大功能模块，含智能物联网养殖平台 AIoT、养殖生产管理和智能分析系统。

2.1 数字养殖平台的特点

（1）多终端。PC 端、PDA（手机 App）端、微信小程序多个终端可同步使用。

（2）多业务模式。适配于育肥场、育种场、自繁自养场业务模式的饲养管理。

（3）阿米巴独立核算。对不同类型的猪舍，进行阿米巴独立核算，提高各猪舍的精细化管理力度。

（4）即日分析。实现财务、生产成绩、生产利润、各生产舍的独立日结。

（5）多维分析。按照生产管理要求，精准定义核算指标，实现多维度分析。

（6）个性化实施。根据不同用户群体可实现个性化定制实施方案，既满足大型企事业、集团，又满足中小养殖场的接入需求。

（7）双重保障。B/S（浏览器/服务器）、C/S（客户机/服务器）混合架构，现场、总部双重服务机制，确保养殖现场生产使用和信息的安全。

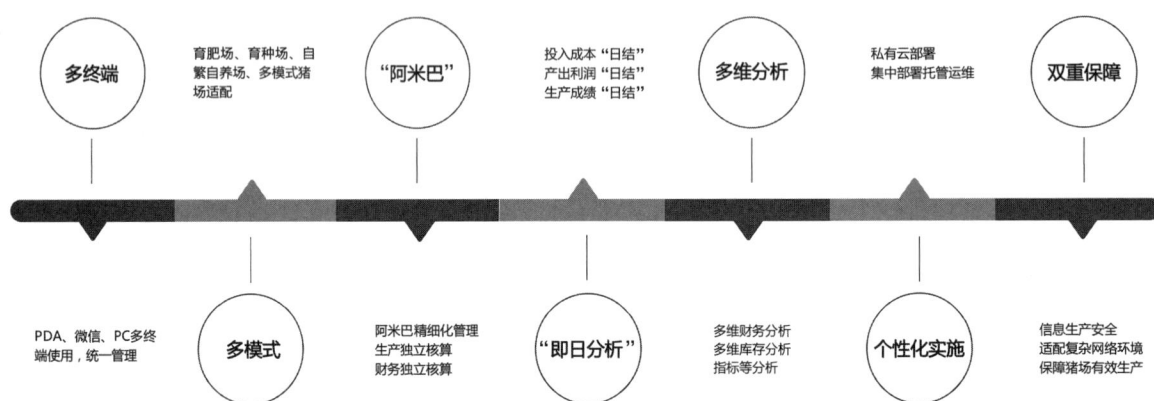

2.2 数字养殖平台的优势

2.2.1 实现信息化管理

以智能物联网养殖平台 AIoT 为依托，对养殖过程各个环节及效益进行全方位的管控，为实现数字化养殖提供核心支撑。

2.2.2 集中管理

覆盖物联网监控、生产管理、供应链管理、BI 智能分析的集中化管控运营平台。

2.2.3 养殖过程透明化管理

对引种、保健免疫、配种、分娩断奶、上市销售等各个养殖过程的数据进行采集，实现对各个生产环节的养殖方式、成本统一管控。

2.2.4 专业养殖指导

荷德曼拥有 20 年以上养殖经验的专家团队和 10 年以上运维管理经验的 IT 团队，拥有 5 家自有猪场，对养殖工艺设计、技术考核指标设计、批次化管理等养殖管理模块进行全过程的专业化指导。

数字养殖平台解决了目前市场上养殖软件的"黑盒养殖"、软硬件管理不集成、系统功能性单一、数据安全性等问题，将数据进行归集并统一管理，清晰划分业务模块，实现投入产出透明化，财务数据即时分析，整体提高产出投入比，实现经济效益最大化。

3 各模块介绍

3.1 智能物联网养殖平台 AIoT

荷德曼智能物联网养殖平台 AIoT 融合了智能环控、精准饲喂、智能刮粪、智能报警、智能监控、生物安全等技术，可对畜牧场全区域内智能系统进行统一监管，实现猪场内所有智能边缘控制器及智能终端的管控，有效提升管控的精确度，实现无接触式设备管控，大幅提升防疫等级，实现自动控制与智能决策。

3.1.1 智能环控系统

荷德曼智能环控系统可实现欧式和美式猪场的一体化管控，通过环境传感器在线实时采集养殖舍的环境系统（温湿度、二氧化碳、氨气、通风量）和精准控制风机组、水帘、通风窗等设备，从而实现养殖舍内环境的自动化控制器。同时，系统支持与数字养殖平台的数据交互，实现设备与生产的综合调控。

智能环控系统可以采集有效信息，实现智能实时控制，通过电脑和手机 App 实时掌控现场的环境信息，了解设备运行情况，远程控制设备的运行参数，以达到最适合动物生长环境的需要。同时可以建立养殖大数据平台，打造畜牧管理的新模式。

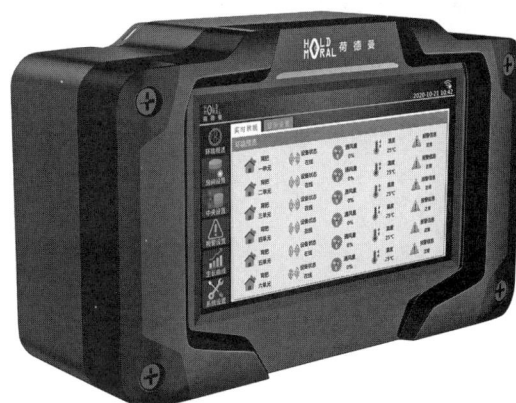

智能环控器

3.1.2 智能饲喂系统

在智能物联网技术下，荷德曼精准饲喂系统是结合了料塔监控、个体识别、精确下料控制、母猪饮食监控、母猪饲喂计划管理的母猪全过程饲喂的管理系统。

　　精准饲喂系统采用领先的精准饲喂器技术，有效保证了饲料的品质，防霉变，精准定量，个性化饲喂。根据母猪的不同时段的需求，搭载精准营养模型，结合母猪胎龄和体重自动生成最优饲喂方案（饲喂曲线和饲喂时段）。投料稳定性好，精度高，每千克投料误差≤5g，不但降低了饲料成本，避免浪费，更为母猪的健康饲养管理提供了保障。同时可实现饲喂数据集中存储处理，方便个体进食量查询和分析，可在原有机械料线上即挂即用，适用于大、中、小型的新建、改造猪场。

精准饲喂器

3.1.3　智能刮粪系统

　　智能刮粪系统可连接智能物联网养殖平台 AIoT，线上制订刮粪计划，实时了解设备状态以及能耗情况。刮粪设备采用 304 不锈钢材质，搭载无接触式防水传感器，有效保障了设备的抗腐蚀性和稳定性。智能刮粪系统操作方便，可设定刮粪机工作时段、时长及频率，实现智能刮粪，减少人工劳动量，提高刮粪的自动化程度。智能刮粪系统环保友好，可减少有害气体的挥发，营造良好的舍内空气环境，减少猪只呼吸道疾病的发生。

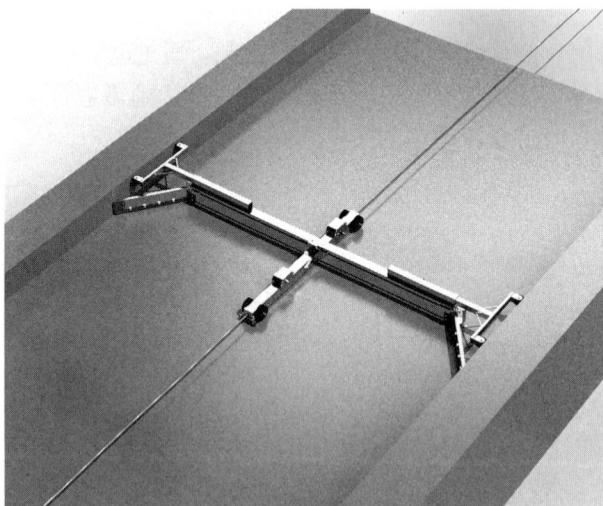

平推刮粪机

3.1.4　智能报警系统

　　智能报警系统是依托智能物联网养殖平台 AIoT 专为猪舍设计的集中报警控制系统，可以对猪舍内供电故障和智能环控器、风机、水泵、加热器等设备状态进行有效监管。通过部署在场内的各种监测传感器、网络传输技术和智能报警软件系统，确保场内设备和环境状况的实时分析，并将实时数据实时上传至管理终端。同时支持短信报警、电话报警、微信报警、邮件报警，协助管理者及时处理故障。

3.1.5 智能监控系统

在物联网技术下，猪场中的应用监控系统配备了猪只监控、配种监控、分娩监控、员工监控、防盗监控、专家远程监控等，管理人员即使不在现场也能实现对猪场生产过程的监督管理。根据需要可以邀请专家通过远程视频监控系统对猪场提供远程指导和诊疗，可以实时掌握生猪的生长情况，辅助做好疾病预防，提升安全等级。此外，建立一套监控系统能有效实现猪场的信息化管理，同时大幅减少了人员的数量，有效提高了养猪业的管理水平。

3.1.6 生物安全系统

非洲猪瘟传入中国以来给中国养猪业造成重创，带来了难以估量的损失，而且未来将长期影响养猪业。为了提高养猪业的生物安全防范等级，依托于智能物联网养殖平台 AIoT，建设生物安全系统。采用视频、人脸识别、衣物识别等先进技术，对人员、物资、车辆进行管控和实时预警，并且全程视频存档，更好地辅助企业人员生物隔离管控全流程的执行，做到有效监管。

3.2 养殖生产管理

数字养殖平台可以用于养殖生产管理，满足育肥场、育种场、自繁自养场三种养殖模式的生猪养殖生产管理。涵盖生产过程管理、流程管理、库存管理、计划管理、财务管理等功能模块，全方位的系统功能能支持养殖业务的多维管理需求。

3.3 智能分析系统

数字养殖平台中的智能分析系统依托养殖生产平台的基础数据，覆盖三种猪场模式并进行综合处理分析。分析内容涵盖生产指标、财务指标、库存指标等。同时可进行"即日分析"，实现财务、生产成绩、生产利润、各生产舍的独立日结。按照生产管理要求，精准定义核算指标，实现多维度分析。针对不同类型的猪舍，进行阿米巴独立核算，提高各猪舍的精细化管理力度，对养殖全过程进行统一精准化管理。

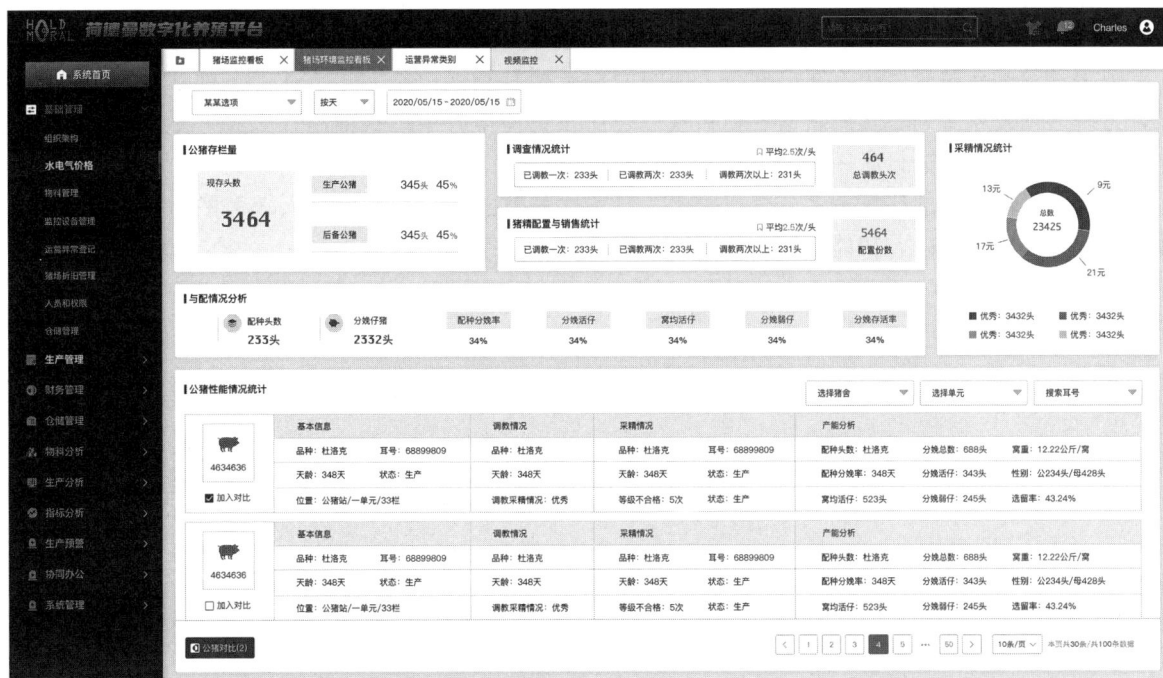

数字养殖平台可以实现养殖生产管理和数字分析功能，实现信息的整合与共享，有效解决"黑盒养殖"，打破"信息孤岛"，实现精细化的指标管理，及时掌握猪场信息管理情况，提高生产和管理效率。同时，基于智能物联网养殖平台 AIoT，通过智能环控、智能饲喂、智能刮粪、融合环保生

物等智能技术，提供一套客户智能养殖的解决方案，实现智能化、数字化养殖，发挥养殖优势，降低人工成本。

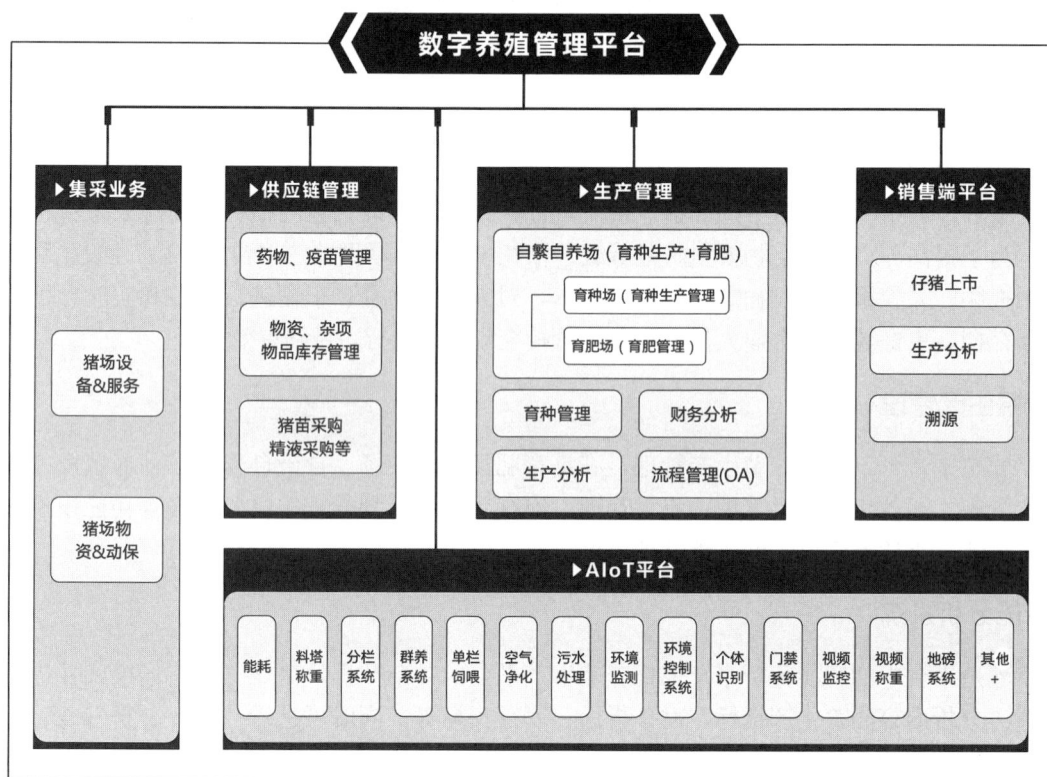

4 产品生产运用及销售情况

数字养殖平台整套解决方案已拥有7项实用型新型专利，1项发明专利，17项计算机软件著作权，另有多项发明专利、实用新型专利和软件著作权正在申办中。目前已在天津、湖南、河南、山东、新疆等多个猪场进行应用。

目前市场内传统的猪场偏多，全智能化、数字化养殖的较少，需要投入较多的时间用市场证明数字农业是未来的方向，智能化是养殖场的未来。

物信融合智慧养殖平台

四川铁骑力士食品有限责任公司

1 核心技术介绍

物信融合智慧养殖平台是以精准化养殖和繁育过程管理为核心，以物联网关键技术应用为基础，建立规模化养殖的数据实时监控服务体系。本平台充分利用物联网、大数据、人工智能、云计算等现代科学技术，实现养殖生产关键信息的实时云端采集，突破生产现场地域限制，实现养殖业务的数字化、智慧化、精细化、精准化管理。并搭建数据存储、展示和分析预警平台，推动数字农业建设和现代农业高质量发展。

2 平台主要解决以下问题

（1）通过 RFID 电子标签和移动端应用，实现养殖个体的精准识别，并现场实时采集个体的体况信息、繁育状态、繁殖信息等。

（2）搭建养殖繁育流程标准模型。结合养殖场规模和基础设施条件，实时对比生产繁育关键环节和指标，包括：入群、配种、妊检、分娩、断奶任务指导和数据反馈。便于及时发现问题，解决问题和决策判断。

（3）融合 IoT 技术，基于 MQTT、CoAP、NB-IoT、5G 等多种通信协议，实时采集养殖现场的环境参数、能耗情况、喂料重量、生物安全行为等关键信息，并与生产数据进行融合比对，确保生产环境和饲喂过程全程标准化。实现万物数据化、万物智联化。

（4）构建大数据分析平台，对过程数据进行实时分析和预警展示，实现智慧化管理，并利用结果数据对过程指标进行纠偏，从而实现系统深度学习。

3 应用效果

智慧养殖生产系统结合物联网设备，从根本上解决了数据采集不准确、不及时、数据无法联动、数据孤岛等一系列问题。系统中融入了计划管理、绩效分析、报表推送、风险管控的管理思想，让系统更贴近业务，让管理者对生产情况一目了然。整个系统做到了基于栏位和个体的精细化管理，打破传统养殖模式，做到了准确的成本核算，为企业降本增效、指标提升起到了重大作用。经过初步测算，利用本套系统，可降低企业综合成本 1%～3%，全场 PSY 提升 0.5～1 头以上，NPD 天数减少 10%，人效提升 10% 以上。

4 发展前景

目前，畜牧养殖行业受到环保政策、疫情防控等一系列影响，正快速向规模化、标准化、集约化转型。数字化、智慧化管理已成为行业发展的必然趋势，行业迫切需要精通养殖业务且具备现代科学技术发展的新型数字化系统。而近几年软件技术、物联网技术也已在各行业不断普及应用，并发挥出重大作用。物信融合智慧养殖平台结合了养殖业务的真实场景需求和行业先进的管理经验，已经找准了行业转型和未来发展方向，具有良好的发展前景。

AI 地磅点猪

云浮市物联网研究院有限公司

1 简介

1.1 AI 生猪地磅点数系统简介

本系统由普通摄像头、搭配点数算法的平板组成。摄像头需安装在地磅的正上方，用于获取地磅中的实时画面；点数平板通过局域网访问摄像头，通过内置的算法，实时快速对接入的视频画面进行处理，并将仔猪实时标记出来并计数，同时支持点数截图、数据的保存，方便进行数据的存档及复核。

1.2 产品用途与面向市场

产品定位为地磅点猪的 AI 标记助手，主要用于种猪场出猪台地磅的辅助点数，标记出视频画面中的猪只，并统计猪只数量。

虽然点数准确率未能达到 100%，但猪场人员可根据系统标记好猪只的图片快速人工复核，也能缩短出猪时间，提高出猪效率，同时保留点数照片作为出猪的凭证依据，方便猪场的财务核算和保证生猪资产的安全。面向的市场是种猪场出猪台使用小磅出猪的场景，需快速结算猪只数量的场景。

1.3 产品部署

1.3.1 现场网络要求

（1）网络带宽建议不要低于 20M，推荐 50M 以上，可访问外网。

（2）现场交换机需要预留摄像头与点数设备的网线，点数平板的网线需延长至计划放置点数平板的位置（点数平板支持 WiFi 连接，为了稳定考虑建议使用有线网络接入）。

（3）需确保点数摄像头与点数平板处于同一局域网中，否则平板无法访问点数摄像头（即现场连接摄像头的 POE 交换机需预留 2 口，1 口用于摄像头，1 口用于点数平板，若不够则需增加 5 口 POE 交换机）。

1.3.2 系统连接总图

各个设备之间连接的系统架构如图所示。

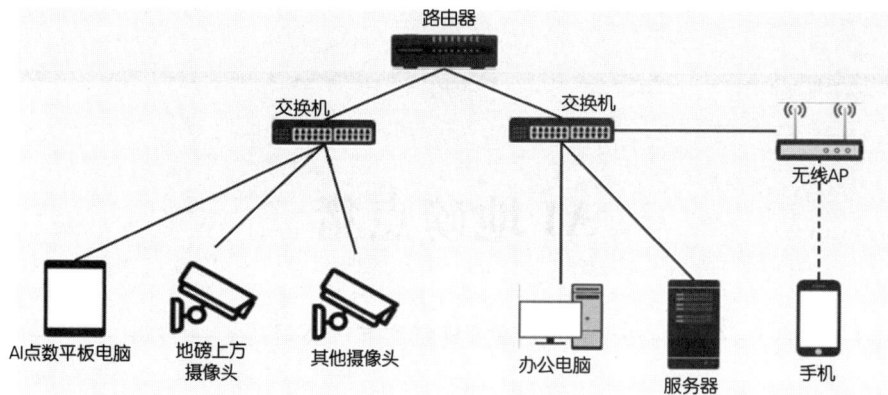

1.4 软件简介

1.4.1 软件操作主页面

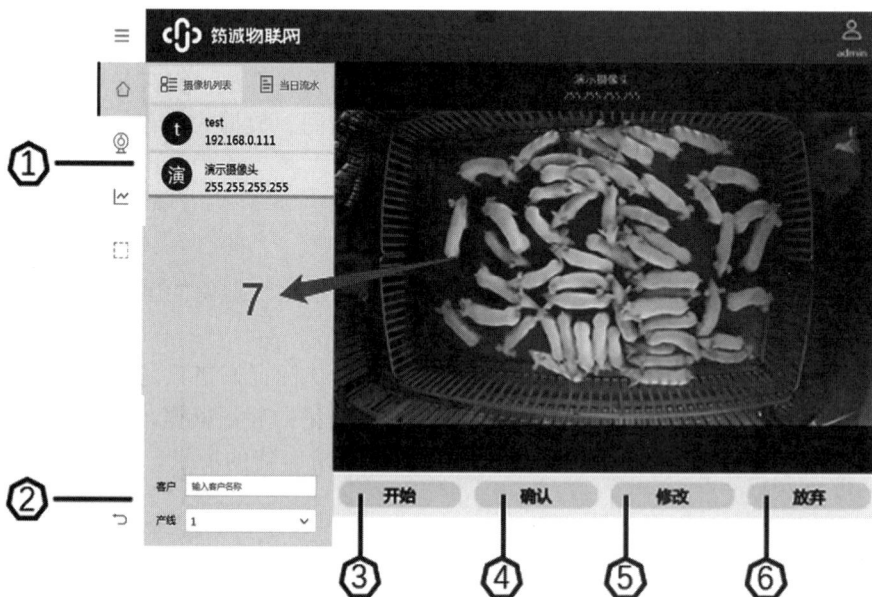

（1）摄像头列表。根据仔猪批次选择对应的摄像头进行 AI 点猪操作。

（2）批次信息录入。可填写批次和公司名称。

（3）"开始"点数按钮。点击"开始"按钮，执行 AI 点猪功能（在开始点数 5s 后，可以再按一次"提前结算"按钮提前结束点数；系统默认点数时长为 21s）。

（4）点数结果"确认"按钮。复查无误，点击"确认"按钮，即默认 AI 点猪的数据无误，会直接将数据和图片保存到统一列表中。

（5）"修改"结果按钮。复查发现个别仔猪重叠没有被点出来，可点击"修改"按钮输入正确的仔猪数量。

（6）"放弃"结果按钮。点击"放弃"按钮，直接结束当前 AI 点数功能，即此次点数操作作废，不会保存任何信息。

（7）摄像头实时画面。显示的是当前批次的仔猪在地磅上的画面。

1.4.2 点数结果

绿色：算法确认率较高。

红色：算法确认率较低，需要人工额外注意（包含计数）。

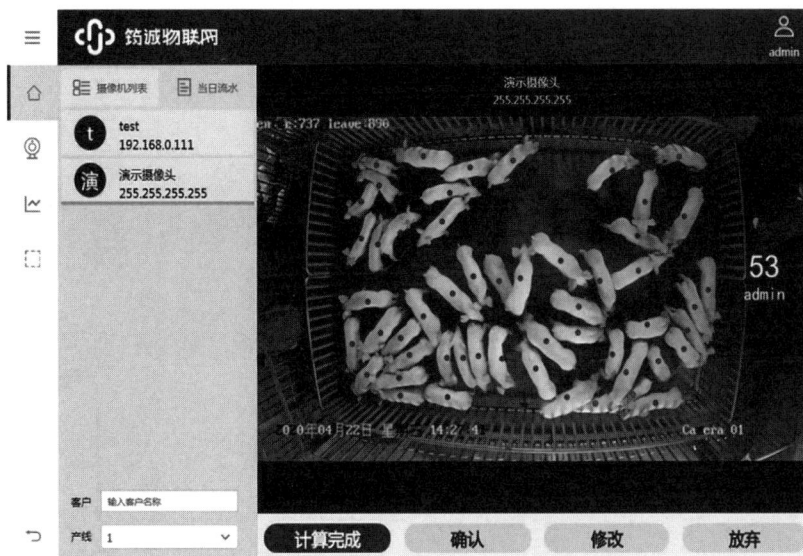

1.4.3 数据统计界面

如图所示，统计菜单可查看当日出猪点数的数据统计。

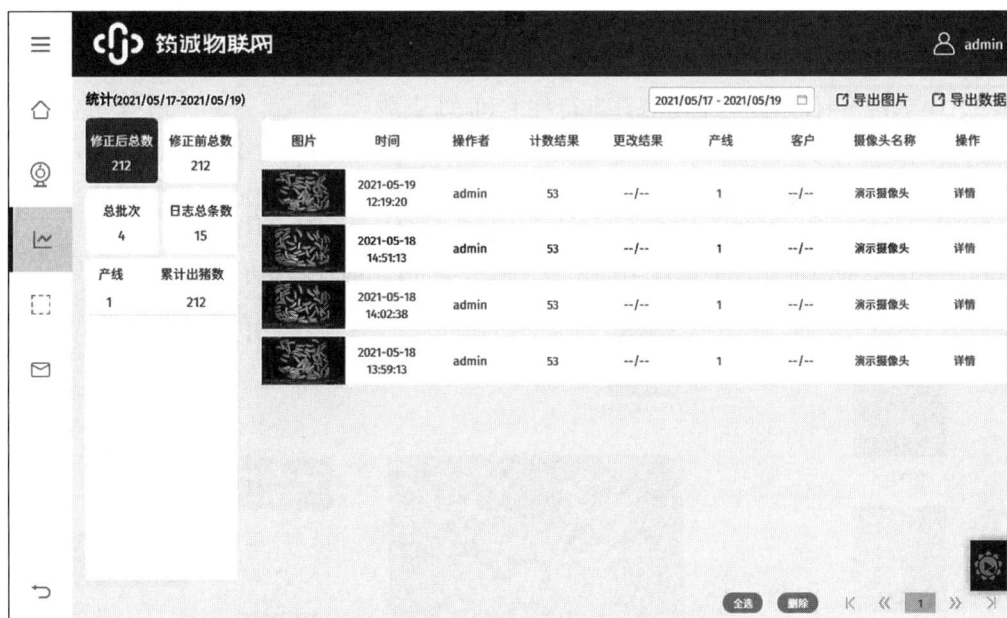

2 流程变革

2.1 传统点猪业务流程

①、②、③：直接将各个生产线上的仔猪赶到地磅上。

④、⑤、⑥：将各个生产线上发育不全的仔猪放入保育舍。

⑦：将保育舍里的仔猪赶到地磅上。

⑧：将地磅上所有称完重量的猪赶到点猪通道，然后进行点猪。

⑨：仓管将此批出猪的表单信息给到分公司财务确认。

⑩：分公司财务现场审核数据，确认无误后给养户确认。

⑪：养户确认数据无误后，确认领苗数量，最后将猪赶上运猪车，即完成出猪流程。

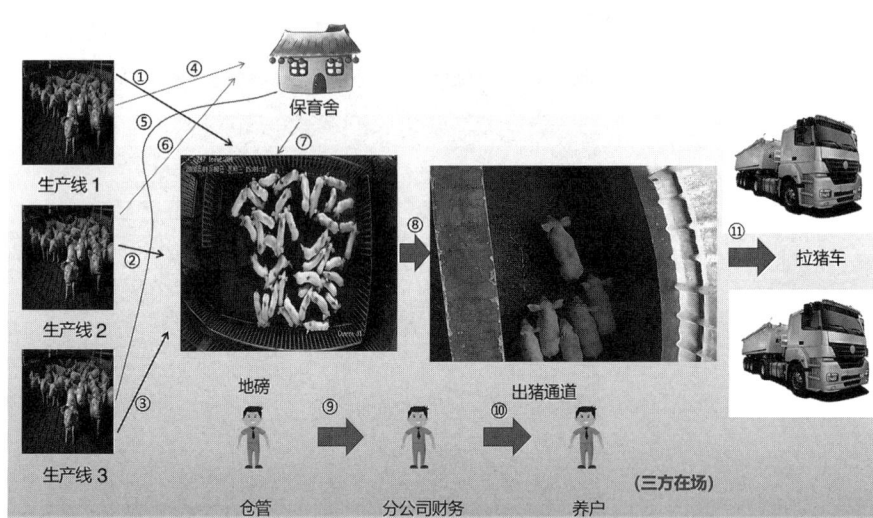

2.2 AI 地磅点数业务流程

①～③：将各个生产线上发育不全的仔猪放入保育舍。

④～⑥：将各个生产线上的仔猪赶到装有 AI 点数摄像头的地磅上。

⑦：将保育舍里的仔猪赶到装有 AI 点数摄像头的地磅上。

地磅＋AI 点数：当仔猪到达地磅后，进行称重和 AI 点数。

⑧、⑨：仓管确认 AI 系统点数结果，并将数据结果及出猪照片保存到 AI 点数平板中。

⑩、⑪：仓管将 AI 点猪数据记录通过点猪系统自动发给分公司财务，待他们确认。

⑫、⑬：客户确认出猪单据中的点猪照片，确认领苗数量。

⑭、⑮：集团财务根据系统数据库中的出猪照片及数量，可回溯核查数据。

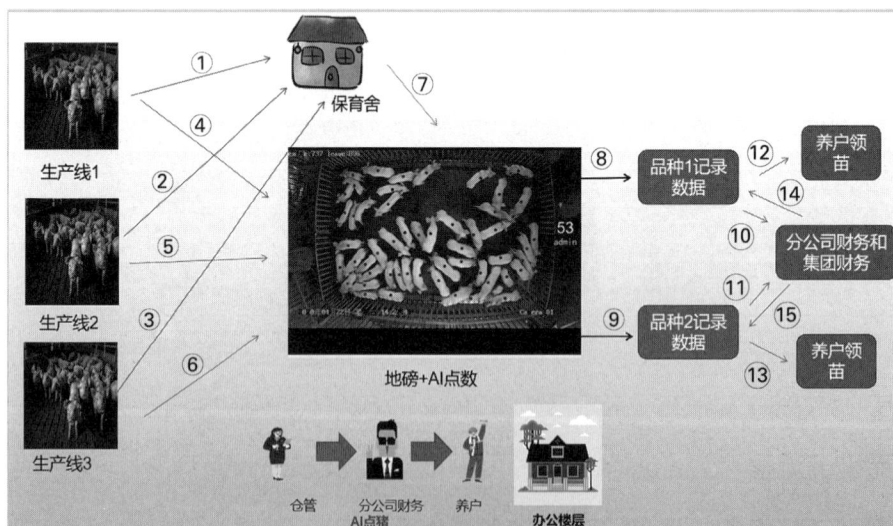

2.3 点猪操作流程

2.3.1 传统点猪流程

（1）将仔猪赶到地榜上，先进行称重。

（2）称重完毕后，将仔猪由地磅赶往出猪通道，然后进行人工手动点猪。现场仓管负责点猪，财务负责监督，养户负责监督和点猪。

（3）待分公司财务及养户确认领苗数据无误后，即可完成领苗流程。

2.3.2　AI 地磅点猪流程

（1）将仔猪赶到地磅上，然后开启 AI 点数平板配合已装好在地磅上方的摄像头进行智能点猪操作。

（2）根据平板上的摄像头序号选择要进行 AI 点猪的摄像头，首先通过画面确认仔猪是否已经全到达地磅区域，当全部仔猪已在地磅上就可以进行 AI 点猪。

（3）点击平板上的"开始"按钮即可启动仔猪点数。随着屏幕上的百分数逐渐增加，当 5s 后，可点击"提前结束"按钮，能够提前结束仔猪点数。

（4）机器正常加载完后（系统默认点数时长为 21s），会显示一个静态的仔猪画面（具体参考下面的"点数结果页面"），我们可以看到每头猪上面都会有一个圆点的标记，图片右边会显示 AI 点出仔猪的数量。

（5）待 AI 点完后再进行人工复查，复查只需要去发现身上没有圆点标记的猪，然后记录下，最后统计总数量。如果人工复查发现有几头猪没有被计数（可能猪与猪之间重叠，只露出一点点体型）可以点击平板上的"修改"按钮，将漏掉的仔猪与刚刚屏幕得到已点到的仔猪数加起来输入空格栏里，点击"确认"按钮，然后系统会自动截图并将此次点猪数据放到统计页面里（具体参考上面的"数据统计页面"）。

（6）如果人工复查没发现被遗漏的仔猪，那直接点击"确认"按钮即可。如果不需要此次的 AI 点数数据，想废弃掉或者想重新点一遍，可点击"放弃"按钮即可，此时的数据是不会被保留的。

2.3.3　AI 地磅点猪优势

下表为传统点猪和 AI 地磅点猪的区别。

传统点猪	AI 地磅点猪	AI 点猪对比于传统点猪的优势
三方到地磅点现场清点猪（仓管、分公司财务、养户）	远程通过摄像头进行点猪，只需两方到场（仓管和养户）	不用去现场，减少生物安全风险
人工通过出猪通道一头头点猪	通过 AI 画面进行地磅点猪	一次性点几十头猪，效率高
需要时间长	固定时长 26s（可在 5s 提前结束 AI 点数）	点猪耗时缩短，节约时间成本
错点、漏点、谎报虚假数据；复点难度系数大	AL 智能点猪＋人工复查得到的准确率为 100%；复点只需要点击平板的"放弃"按钮	可复查，点猪数据结果准确率高，不会出现错误数据，节约公司成本

全球首创 DeepAnimal 手持式智能测温巡场仪

北京深牧科技有限公司

1 核心技术介绍

DeepAnimal 手持式智能测温巡场仪，以快速体温筛查为切入点，进入智能养殖行业，帮助全球 5 亿养殖户实现智能化。

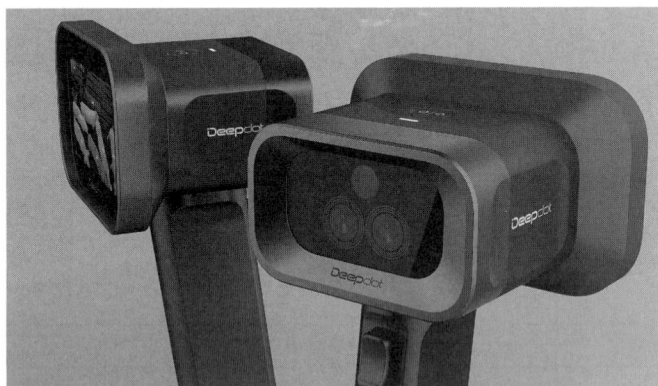

根据热扩散方程，热源距离越远，接收到的热辐射（温度）也就越低。标准深度 6m 的猪圈使用传统的热成像仪测量与实际温度可差 4℃以上。猪只无法像人一样具有纪律性，因此，要对整圈猪实现体温筛查，必须首先解决距离和温度的问题。

DeepAnimal 手持式智能测温巡场仪在全球范围内首次有效地解决了距离对温度的影响，采用自研的多光谱融合算法将来自不同传感器的数据融合在一起，实现在空间、时间层面上的像素级精准对齐，有效修正了距离和温度之间的差异。

成年猪身体各个部位对体温的表现各不相同，经现场测试发现肉厚部位与体温表现显著的部位温度差可达 2~3℃。为解决这个问题，我们采集并标注了近百万条数据，形成了目前全球最大规模的猪体分割训练集。建立了猪体数 10 个部位的关键点及温度数据模型，不但可对猪体进行精准识别，还可对不同关键点的温度进行智能分析，从而得出比较准确的猪只体温数据。

经对国内外文献及专利的检索，上述两项技术属全球首创并已申请相关专利。

2 应用场景

2.1 全场体温筛查

DeepAnimal 手持式智能测温巡场仪可实现对定位栏养殖场景 1min 内完成 60 余头猪和育肥圈 1min 完成 200 头猪测温的成绩。效率比使用水银温度计或传统热成像仪提升了数百倍。在实际工作场景下，1 位饲养员 15～20min 即可完成 2 000 头猪的测量，使全场每日测温成为可能。

2.2 生物资产统计

DeepAnimal 手持式智能测温巡场仪采用安防级人工智能技术，确保可在 1s 内同时对画面里出现的超过 30 个目标同时进行智能分割识别，实现了高效精准测量的同时也为猪场进行生物资产统计提供了有力的工具。无须进圈在自然状态下可最大实现对 12m×9m 范围内各种年龄段所有猪只数量的统计，准确率达 99% 以上。

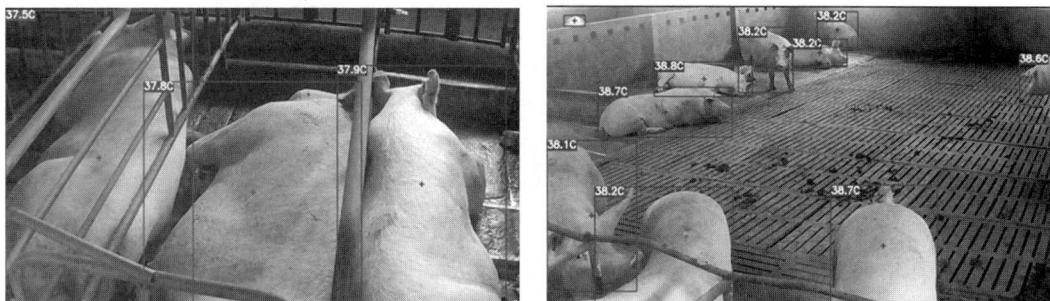

2.3 生猪体温大数据平台

现代化、智能化猪场对精细管理有较高的要求，而传统水银温度计或热成像仪形成的体温数据只能通过纸质报表及单张图片方式进行查看，无法做到精细化管理需求。而 DeepAnimal 手持式智能测温巡场仪采集的数据可实时上传生猪体温大数据平台，并且通过室内定位设备实现对体温异常的猪进行精准定位，可实现现场与后台双重报警，同时所有猪只终身的体温数据都随时可查，方便监管，满足了猪场信息化、精细化的管理要求。

3 应用效果

自 2021 年 6 月首批样机下线以来，对数百万头次的猪只进行测试验证：DeepAnimal 手持式智能测温巡场仪可实现在 5～6m 范围内任何距离数据可达到不超过 ±0.3℃ 的精准度。并且具有以下明显优势：①可满足全猪场快速体温筛查需求；②健康数据数字化实时上传生猪体温管理平台，便于监管；③将病猪的发现时间平均提前了 3d 以上；④降低防疫人员投入 40% 以上，优化了传统防疫方式和防疫流程，减少单头猪防疫成本 50％，实现了降本增效。圈外无感测量，减少感染及应激。

根据国家非洲猪瘟防控手册，发烧属于疫情早期症状，尽快发现和处置发烧猪，成为抑制疫情蔓延的关键。现在猪场大多只能依靠体温或核酸抽查以及肉眼观察方式来找寻病猪，不但容易出现漏检而且效率低、成本高，也会错失早期防控的机会，造成疫情蔓延。

DeepAnimal 手持式智能测温巡场仪的出现使猪场疫情防控形势发生了根本性的改变，让猪场每日全场体温筛查成为可能，饲养员在日常巡检过程中即可完成全部测量。无须额外人员投入，变抽检为每日的普遍筛查。发现体温异常猪再进行核酸或其他手段的诊断核实，有效降低防疫成本也使"精准拔牙"成为可能。不但有效提升了防疫的效率，降低了防疫成本，而且也使防疫工作更加科学、严密。

经实践检验，该方式可有效降低防疫人员投入成本 40％以上，减少单头猪防疫成本 50％以上。通过对生猪体温的日常监控，对猪群疾病起到防控作用，真正为猪场实现了降本增效。

4 发展前景

通过全球领先的安防级人工智能算法以 DeepAnimal 手持式智能测温巡场仪为切入点，一次性地解决了畜牧养殖行业测温和计数两大难题，能够有效提升疫情防控及生物资产管理能力。

手持式可满足传统猪场的信息化、智能化升级改造，在不增加任何基建成本的情况下实现高精准测温和生物资产管理。而传感器式则可搭载在新建猪场的巡检机器人或其他自动化设备上，满足猪场各种场景的需求。

在降低养殖场户防疫投入和疫情损失方面，DeepAnimal 手持式智能测温巡场仪具有明显的优势，比传统方法可至少提前 3d 发现病猪，为阻断疫情传播赢得了时间，减少了养殖场户的人员和防疫费用投入。尤其在如今猪价低迷的时期，降低成本本身就是在创造效益。

大数据平台也可为政府农业部门科学决策、疫情防控起到科学决策的参考作用。同时也可为构建农产品可追溯体系，为农产品质量安全做出贡献。

除应用在养猪行业外，该产品还可同时广泛应用于牛、羊、鸡等其他畜牧品种养殖领域，借助设备搭载的丰富传感器系统通过后续的升级也可扩展出诸如生长曲线监控等更多功能，为全球畜牧行业从业者提供了真正有用的"人工智能＋畜牧"的产品。

乳猪智能补奶系统（辅乳宝）

深圳市慧农科技有限公司

1 核心技术介绍

乳猪智能补奶系统分为主机和喂奶（奶碗）两个部分。补奶系统主机自动完成加奶粉，搅拌，加热保温，并将奶液输出，输出的奶液通过管路输送到已铺设在各个产床上的奶碗中，仔猪触碰奶碗的阀芯，奶液从阀芯中流出，当奶液达到一定量时，奶碗自动停止出奶，保证仔猪喝到新鲜的奶液。

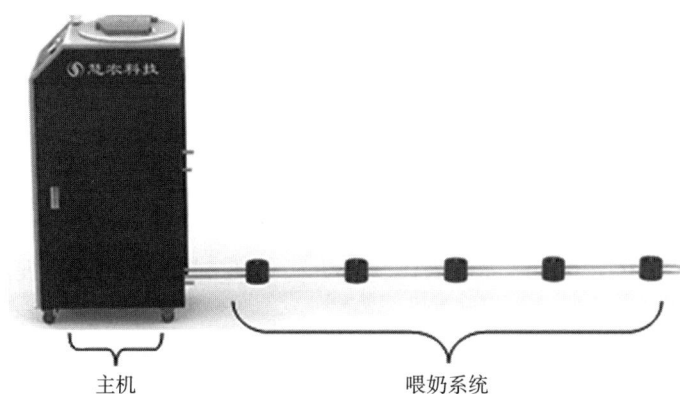

主机　　　　　　　　　　喂奶系统

2 运行操作

每天早上饲养员在奶粉仓加入当日的奶粉，在操控面板按下启动键，启动键上绿色灯点亮。设备自动完成加水、加奶粉、加热、混合、搅拌等，然后输出恒温的奶液到管路。仔猪触碰奶碗里的阀芯，新鲜的奶液从阀芯中流出供仔猪喝，当检测到混合仓奶液低于额定值，设备自动加入奶粉，混合，搅拌均匀后再输出到管路里。

仔猪转栏后，可加入适量的消毒液，通过选择清洁供奶菜单，设备将自动完成管路的清洁。

3 慧农智能补奶系统效果

3.1 乳猪

可提高乳猪日增重和断奶重，缓解断奶应激，减少乳猪因争抢导致的受伤，明显降低乳猪死亡率。

3.2 母猪

帮助母猪维持良好体况；降低母猪在哺乳期背膘减少量，为下一胎次的繁殖打下基础；不引起母猪采食量变化；促进母猪乳房健康，降低乳房疾病风险。

4 应用效果

项目	对照组：传统哺乳	实验组：辅乳宝	辅乳宝对比传统哺乳
初生窝重	21.3kg	21.0kg	
28d 断奶窝重	110.3kg	123.6kg	+13.3kg
成活率	94.08%	97.96%	+3.88%
断奶当日采食量	69g/头	120g/头	+51g/头
母猪体重损失	18.3kg/头	10.2kg/头	−8.1kg/头
7d 内配种率	84.6%	92.3%	+7.7%

5 发展前景

国内的代乳粉使用发展和相应养殖器械的发展还不对称，市面上五花八门的补饲设备只能在形式上满足补饲的用途，而实际上只能局限性实现补奶甚至是妨碍代乳粉功效的发挥。

补奶器在欧洲运用很普及，慧农智能补奶系统应运而生。它操作简单，设备运作由电脑控制，省时省力，恒温循环供奶为仔猪提供额外的奶源，补充母乳从而提高仔猪断奶窝重和均匀度，完美解决了产床人工补奶烦琐的难题，为养殖场做到节本增效。

慧农智能补奶系统与代乳粉结合能促进代乳粉功效发挥，具有极高的发展前景。

不愁网数字化养殖综合服务智能平台

青岛不愁网信息科技有限公司

不愁网数字化养殖综合服务智能平台，在生猪养殖方面，是集"公司＋农户"合同猪养殖模式管理平台、种猪养殖管理平台、"养户不愁"死淘上报客户端、生猪养殖大数据看板、生猪交易平台等贯穿养殖全过程、多方面的综合智能养猪管理平台。全面解决企业在养猪过程中的资金安全问题、人才培养问题、市场交易问题、工作协同问题、日常监管问题、养殖过程中的业务管理问题，以提高生产管理的精细化水平，提升养猪企业业务效率，规范传统畜牧企业养殖模式。

以往的传统养殖企业时常存在采购猪苗过程不透明、兽药饲料领用过度依赖纸质化记录保存、养殖过程死淘记录无法查证、毛猪销售回收环节存在多种漏洞，以及由于产业落后导致的数据分散，企业无法实时查看养户养殖数据等诸多问题。传统畜牧行业一直难以吸引高校应届毕业生，人才储备匮乏，其主要原因是业务发展过快但培训周期过长，工作环境落后，工作模式落后，传统手工记录管理效率低下，难以留住有经验的人才，只有畜牧行业得到数字化的管理提升才是解决这一系列问题的根本途径。

近 5 年来，饲料、育种、兽药、屠宰等企业大规模向养殖转型。在高肉价的吸引下，众多行业外资本涌入养殖行业。受我国土地政策、环保和扶贫等政策的影响，"公司＋农户"的养殖模式是主要的发展方式。

1 核心技术

不愁网深耕畜牧智能化领域多年，针对"公司＋农户"业务场景研制的不愁养管理平台已为多家上市畜牧企业服务多年，随着版本的迭代更新，功能也日益强大，已经能够做到覆盖解决该养殖模式下的所有流程问题。养殖初期不愁养管理平台会为企业提供一整套合同签订模板，并可根据企业合同模式灵活变更合同参数，企业养殖发展人员只需通过手机端即可轻松建立养户档案，并由企业内勤人员随时调整完善养户信息。随后技术员以批次化的管理方法完成对养殖户的进苗、进料、进药申请，每一笔苗、料、药信息都会被系统记录，并由企业相应审核人员完成对申请的审核通过或驳回处理，减少企业养殖过程中的成本浪费，精准匹配当前猪只的养殖阶段，为审核料量、兽药提供指导意见。养殖户上苗前的设备检查、生产检查、防非检查等诸多检查项也是畜牧企业十分关心的安全问题。放养负责人在系统中做完排苗计划后，系统将自动生成上苗前的检查项目，并将检查任务以每日计划的方式罗列至技术员的工作任务中，技术员可由手机端通过系统推荐检查项，对各类容易造成企业与养户损失的关键点进行检查。并对检查事项进行打分，如有严重影响生产安全的，勒令其整改，系统也会生成相应的复检计划，严格规范企业与农户合作养殖前的安全检查工作。

针对过程中的死淘，不愁网有相应的养户不愁死淘上报客户端，提供死淘上报标准模式，通过拍摄上传实时割耳视频，喷绘指定编码等形式确保养户上传死淘的真实性，上报信息准确高效，客

不愁网 "不愁养"系统功能模块

保障公司资产安全	巡场管理		预警管理			猪群管理		养户物料管理	
	饲喂	用药	投料提醒	免疫提醒	饲喂偏差预警	领苗	盘点	领用	盘点
	免疫	死淘	盘点差异提醒	死淘提醒	出栏提醒	存栏	出栏	退料	调拨

合同全生命周期管理及财务核算	合同批次管理		结算管理	成本管理	
	放养合同	排苗计划	代养费结算	成本明细录入	材料出入库核算
	保证金管理	合同政策管理	批次利润结算	存栏核算	成本归集

标准化养殖生产/业务流程	标准管理	业务标准管理		进销存管理		
	标准饲喂程序	运费标准管理	出栏级别管理	采购入库单	报料申请	饲料领用
	标准免疫/保健程序	肉猪品种管理		兽药调拨单	兽药领用	即时库存

支撑完整的合同放养业务模式	养户管理	报表模块			基础数据		标准接口
	养户档案	生产日报	结算汇总	存栏量表	组织管理	供应商	凭证接口
	养户管理员关系	放增退表	死淘统计	收发存表	物料管理	客户	业务数据接口

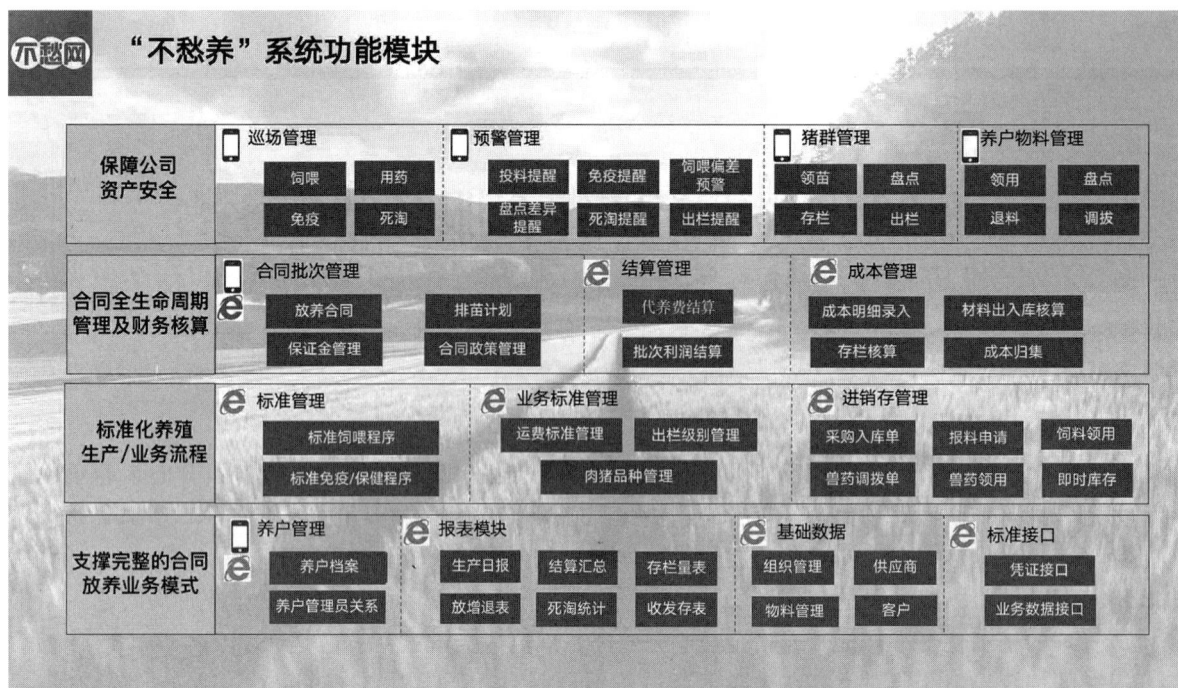

户端功能简洁，便于养殖户使用操作。同时后端与不愁养管理平台对接，使得内勤人员可以在同一系统实时审核死淘数据，审核通过后，更新批次实时存栏数量，调整各类养殖参数，实现数据的动态联动。

种猪管理系统实现猪场养殖行业的生产和生产成本核算以及生产中的领料、药品等物资耗材管理。建立统一猪场信息管理平台，形成所有种猪场、繁育场、育肥场及和相关养殖户信息化建设，实现采购、生产、销售、库存等业务统一化管理。确保生猪数据采集工作能够快速、高效完成。同时有效指导猪场的生产、经营工作，统一管控各个养殖场的生产数据。种猪场、繁育场、育肥场以管理系统从管理平台统一制定生产计划技术指标和生产计划指标，实时根据计划指标和完成情况指导决策者和猪场领导调整养殖策略。建立内部标准化知识库管理，根据知识库指导建立标准化养殖，并根据数据收集随时调整和完善标准化知识库内容，并快速复制到标准化养殖，也可以指导养殖户按照标准进行标准化养殖。

为满足企业当前生猪交易业务流程，解决市场普遍存在的区域垄断、信息不对称、信息不及时等现象，帮助企业更快、更高效地进行生猪交易，进而研发以畜牧公司为主体发布生猪、仔猪、种猪等产品的销售（商品）信息。客户通过手机端 App 查看销售（商品）信息并进行下单/竞价，最终促成交易订单，实现生猪交易的跨区域和在线交易。同时助力企业扩展客户群体，提高商品溢价。

不愁养猪大数据平台是基于养殖管理系统数据、行业数据而搭建，通过授权机制，把猪场智能化养猪和数字化管理相关数据对接到大数据平台。通过大数据平台的综合处理，为养猪企业提供数据对标、大数据分析、专家智能决策服务，为金融服务部门提供猪场数据信用评估，提升监管效率，降低金融服务成本。

接入的行业大数据平台，可为不同的企业、单位带来大数据分析和管理的效益。养猪企业基于大数据分析和专家智能决策，使企业生产经营管理更有的放矢。供应链企业可以真实地了解养猪行业变化趋势，及时调整产品研发、市场经营方向。金融服务企业根据行业大数据平台授信的养猪企业数字信用，快速进行金融贷款和保险服务，提高服务效率，降低服务风险。政府监管部门可通过行业大数据平台掌握养猪行业存量、增量变化趋势，使监管更容易、数据更准确可信。

2 应用前景

除了满足生猪养殖企业的数字化管理需要外，不愁网数字化养殖综合服务智能平台也在为家禽、水产养殖企业提供服务和支持，满足"公司＋农户"业务模式，也满足自养业务模式。不愁网的数字化养殖综合服务智能平台已经在服务包括中粮集团、新疆天康集团、湖南正虹集团、桂林力源集团、广西园丰集团、海南农垦、山西大象集团、辽宁禾丰集团、北京大伟嘉等畜牧业龙头企业，致力于为农牧企业提供可信赖的解决方案与服务。

PigData 规模化养猪企业信息化整体解决方案

北京中易银合科技有限公司

1 核心技术

PigData 是一款定位于为规模化养猪企业提供数字化与智能化整体解决方案的软件平台产品。功能涉及猪群生产管理、供应链管理、业财一体化、物联网数据集成、移动应用等。

PigData 区别于目前市场上一般的猪场管理软件，它在强化生产管理的同时，还加强对供应链、财务业务一体化、系统集成、指标分析等环节的管理和应用。不仅实现了各种生产数据的分析与管控，还建立养猪企业的数据云平台，避免信息孤岛，使企业由原来的粗放型管理向精细管理、数字化管理转变。

同时，PigData 支持手机版录入以及报表查询、微信端应用，是一款集 PC 版、手机版、微信版三个版本于一体的猪场管理软件，管理者可通过电脑、智能手机、IPAD 等随时随地了解企业的各项关键数据。

另外，PigData 的灵活性也让它支持与市场上绝大多数的智能硬件兼容，包括智能耳标、智能饲喂设备、自动称重、环控设备、猪只异常、外物入侵。

PigData 通过对软硬件数据的采集，并通过企业智慧大屏，对企业的生产、环境、环保、经营情况等进行综合展示，方便企业高效决策，提升企业形象。

2 应用场景及效果

目前，PigData 的功能包括种猪个体管理、商品猪批次管理、日常管理、疾病防疫、工作预警、饲料加工、成本核算、生产报表、多维度指标分析与对比、采购管理、库存管理、销售管理等，涵盖了企业管理的各个方面。帮助企业及时把控各个环节的各项数据，使客户在采购、生产、库存、分销、运输、财务以及人员管理等方面进入崭新的管理经营阶段。

PigData 可应用于集团总部、各个分部、各个猪场，涉及采购、财务、生产、销售等部门，帮助企业实现财务业务一体化。

截至 2022 年初，PigData 已在南京雨润集团、浙江青莲食品、山东龙大肉食、辽宁禾丰牧业、武汉金龙、陕西阳晨、湖南龙华等多家行业领军企业，近千家规模化种猪场成功上线，并得到了客户的一致认可。

3 发展前景

现阶段国内传统养殖主要面临着生产管理效率低、成本高、品质难以保障、猪价波动以及疾病和遗传育种等问题，例如信息录入烦琐、物料管理混乱、对于猪只的情况缺少数据分析、管理过程滞后等。

上线 PigData 和传统的养猪方式相比，PigData 是以采集到的生产管理数据为基础，通过软件规范养殖企业流程，并对关键事项进行预警，同时通过详细的成本核算，找到成本降低的空间。同时通过与智能硬件数据集成，从猪场监控、环境预警、AI 盘点估重等环节，建立企业的养猪综合管理平台。最终实现帮助猪企提升生产管理效率和水平，降低人工成本和管理成本，为企业决策提供数据支撑。

红外热成像产品在动物疾病防控方面的价值

烟台艾睿光电科技有限公司

1 应用背景

2018 年，非洲猪瘟传入我国并快速扩散，对国内养殖业造成巨大影响。传统的测温方式费时费力，成本高，容易交叉感染，人工巡检不能及时有效地发现发热猪体，也不能准确地确定发热位置，做不到早发现、早隔离、早治疗。

2 应用场景

2.1 猪场猪只测温

种猪舍、育肥舍、保育舍：红外热成像技术以非接触、零应激方式解决生猪养殖过程关键指标的实时精准采集问题，可快速准确地定位发热猪体的发热部位。支持联动多种报警装置，推送报警信息，及时、高效发现异常。

2.2 出栏通道快速筛查

在出栏通道上方安装一台红外热成像设备，可避免人工进行筛查有异常的猪体，通过热成像监测，可快速锁定发热猪体，避免因异常猪体的病毒扩散影响其他猪体。

2.3 病死鸡筛查

病死鸡体温下降，通过红外热成像可快速捕捉到它的位置。筛查出病死鸡，并进行报警，避免病死鸡长时间在鸡笼中无法被发现。

3 红外热像仪的优势

（1）红外热像仪测温具有远距离、不接触等特点。
（2）搭配专业测温工具，自由选择监测区域，自动获取最高温度点。
（3）支持温度阈值、持续时间长、采样间隔等设置，实现自动数据采集并生成温度曲线。
（4）支持多种形式的报警与联动，提示人员或联动自动化设备进行管控。

智慧猪场建设

—— 河南南商农牧科技股份有限公司 ——

南商农科的智慧猪场技术包括一套南商云管理系统和一系列智能精准饲喂设备、智能料线、智能环控、智能清粪和种猪测定设备，涵盖妊娠母猪、哺乳母猪、保育猪、育肥猪和种猪选育等猪场价值链的全过程。

1 系统组成

本项目共包括养猪场的智能供料系统、全套精准饲喂系统、智能环境控制系统、粪污处理系统等，能够全面解决当下养猪场生产管理问题，减少养殖成本，改善环境保护问题的关键技术。管理方案先进，通过网络化、数字化的管理，清晰了解养殖场猪只情况、饲喂情况。

2 系统优势

在猪场的应用将会极大地提升国内的养殖水平，在饲料、人工、水电方面都会明显节约，降低养殖成本。同时在环境保护方面也会彻底改善养殖场污染环境的局面，将养殖场的粪污做到全面处理，零污染排放，同时创造相应的经济效益。本项目预期经济效益、社会效益、环境效益明显。以10 000头母猪场为例，核算效益具体如下：

阶段	指标	养殖场	环境效益	经济效益（万元/年）
母猪	适应周期延长 0.5 年，PSY（每头母猪每年能提供的断奶仔猪头数）提升到 25	节约能繁母猪 2 000 头	每年节约用水 10t 每年减少粪污排放 10t	990
仔猪	每天增重 20g	出栏重量每头增加 500g		220
保育猪	每天增重 70g	出栏重量每头增加 3 000g		660
育肥猪	平均每头节约饲料 10kg	每年节约饲料 2 200t	每年节约用水 220t 每年减少粪污排放 2 420t	660

从智能上料到智能饲喂以及智能清粪的运行管控、数据核算，都是由云平台自行计算处理，节省人力物力。也能为猪场管理者提供准确的数据管理，能够有效地保持母猪的膘情，保育猪和育肥猪能快速地增重，为猪场快速增收，同时避免不必要的资源浪费，减少对环境的污染。

智慧猪场技术实现了整个生产过程的高度自动化和智能化控制。通过南商云平台的远程设定和控制，实现种猪测定，妊娠母猪精准饲喂、哺乳母猪的科学喂养、保育猪和育肥猪的快速成长，粪道粪污的自动清理，舍内温度、湿度、通过、采光、卷帘等的全自动管理等。所有生产数据都可以实时传输到云平台，猪场管理人员可以通过个人手机实时监控设备运行情况，查看猪只饲喂情况、饲料消耗情况。当设备出现故障，会有多种报警信号和提示，传递给相应的管理人员进行处理，从而节省人力，降低用工成本，与此同时，母猪生产性能得以提升，商品猪生长速度加快，生产效率得以提高。

3 系统流程

3.1 饲喂器

各阶段精准饲喂产品提供饲喂定制化，通过破拱装置，能有效破除粉状饲料结拱的特性，确保足够多的饲料落入下料器中。下料器采用定容下料拨轮，通过带霍尔传感器的电机控制下料电机转动角度，确保电机每圈转动量一致，从而保证下料量一致，实现精准下料。通过 RFID 技术精准识别猪只信息，根据不同猪只的不同需求，下料的同时，按一定比例下水，水料混合，口感更好。

3.2 数据采集

采集海量的数据，通过南商云管理系统数据的深度运算，生成直观的报表，展示给决策者。通过一些饲喂模型验证，摸索最佳饲喂方案，有助于提高猪场管理水平，提升效率，降低成本。另外猪只异常预警，设备自预警；通过各种传感器和信号回馈电路，以及运行电路电压或电流的监控，根据判异规则，对设备的各种执行部件进行功能监控和故障检测；通过各种通信方式将运行状况和故障信息传输到南商云平台并展示。猪场逐渐少人化、无人化，向现代化绿色环保猪场标准迈进。

3.3 产业互联网

将智能设备与物联网平台结合，实现远程设备远程控制、运行数据查看、故障自诊断的展示和处置。

4 应用前景

随着中国养猪规模越来越大，产业越来越集中，规模化养殖场逐渐向智慧猪场转化，智慧猪场会提供更多更全的数据，包括基础数据、生产数据、事件数据、能耗数据、猪情数据、饲料营养数据、饲喂数据、安防数据、生物安全数据、流程管控数据、环控数据、环保数据、设备数据、告警数据、财务数据、情报数据、行业对标数据等。数字化、智能化、标准化养殖是一种发展趋势，是提升智慧管理的保证。通过这些数据，可以制定更科学合理的饲喂方案及管理方案，通过计算机语言反向应用到智能设备上，让现代化猪场由"人"管到"人机"共管，最终到智能学习的"机器"托管，实现工业化、标准化养殖。

智能禽业篇

禽业智能化发展现状与趋势

我国是世界上最大的肉禽生产和消费国，禽肉消费占全部肉类的比例大约为 25％，远低于世界平均水平。根据中国食品工业协会、中国肉类协会、中国畜牧业协会的预测，"十四五"期间，我国肉禽养殖的占比将逐年提高，增长速度高于其他肉类。与此同时，在生猪、牛羊等大型牲畜养殖的准入门槛越来越高的情况下，肉禽养殖由于其投资成本相对较低，占地相对较少，粪肥处理相对容易，依然是农民发展副产业和农民增加收入的重要手段。

我国家禽养殖业正逐步向集约化、设施化、自动化及环境友好的方向发展，但在发展过程中，仍然摆脱不了养殖方式粗放、效率低下、成本高、养殖成绩不稳定等诸多问题。究其原因，"养殖靠观察，先观察后反应；养殖凭经验，经验靠试错"等延续千年的方法，仍然是当前养殖场特别是中小型养殖场的主要技术和管理手段。养殖硬件条件和软件条件亟须升级或改造。

1 传统家禽养殖模式的痛点

我国家禽养殖发展经历了庭院式养殖（基本无养殖装备）、小规模养殖（机械化养殖）、规模化养殖（电动化设备）、集团规模化养殖（自动化设备），近年来，逐步进入智能化养殖。

1.1 养殖模式落后

传统的家禽养殖模式可分为两大类：地养模式和网养模式。

1.1.1 地养模式

在传统的地养模式中，养殖规模不大，养殖密度不高，一般养殖场一个棚舍养殖量为 6 000～8 000只。家禽粪便难以清理，养殖工人的劳动强度大，家禽的发病率高。养殖的经济效益不高，这种模式已被淘汰。

1.1.2 网养（上网下床）模式

传统的上网下床养殖模式是指家禽在网上养殖，家禽粪便落到网下的发酵床上。饲养方式可将畜禽粪便和畜禽体分离，除了节省清洁人力、水力资源，更是在最大程度上减少由粪便传播疾病的可能性。

1.2 养殖污染严重

传统的养殖模式对家禽粪便污染物的处理不力，近年来畜牧业生产发展非常迅猛，家禽养殖规模不断扩大，家禽粪便、污水、恶臭等养殖废弃物产生量也迅速增加，粪污处理迫在眉睫，环境承载压力增大，家禽养殖污染问题日益凸显。

1.3 禽病预防和控制不力

在传统的养殖模式中，由于家禽与家禽粪便污染物不能很好地隔离开，养殖棚舍不是全密闭方式，受外部天气影响大，再加上粗放型的养殖生产管理方式，家禽疾病的诱发源和传播途径不能被很好地控制，导致疫情时有发生。

1.4 养殖效益不高

由于粗放生产，传统养殖模式的养殖密度低，规模受限，抵御市场风险力差，资源转化率低，从而造成养殖效益不高。

1.5 智能化程度低下

在传统的养殖模式中，由于投资不足，缺少物联网智能化设备，养殖智能化和信息化水平低下。养殖过程大数据（如温度、湿度、光照、通风、采食量、饮水量、成活率等）收集十分困难，禽病诊断明显滞后，养殖全凭个人经验。而且每个养殖户的养殖经验又不尽相同，很难形成标准化的养殖规范，成功的养殖经验不容易复制。

2 传统家禽养殖模式的升级

近 30 多年来，随着家禽产业工业化、集约化程度不断提高，我国禽业养殖设备逐渐完善，相关环境调控技术已取得了一些成就，例如乳头饮水技术、自动喂料技术、湿帘蒸发降温技术、大风机及纵向通风技术、福利化健康养殖技术等。同时，伴随着人们对禽肉、禽蛋营养需求的提高，市场对相应的畜禽养殖工艺及其配套建筑设施、环境控制技术设备和饲养设备等不断提出新要求，而且新的养殖工艺模式更加符合家禽的生理行为需求，有利于动物健康水平以及生产性能的提高。针对传统家禽养殖行业的痛点，提出了智慧养殖解决方案，将传统地养和网养低效的养殖模式，升级转型为智能化立体养殖的高效模式。

2.1 立体养殖模式

目前，立体养殖可分为二层、三层、四层和超高层等方式，三层是主流的立体养殖方式，已得到大规模应用和部署。立体养殖模式有以下优点。

（1）家禽饲养密度大，每平方米养殖家禽达到 16～19 只，单棚舍可饲养 30 000 只左右。

（2）在当前土地资源紧张的情况下具有明显的优势，在一定程度上减少人工，增加养殖数量，最大限度提高土地利用率，提高养殖效率。

（3）棚舍封闭，夏天有风机和湿帘，冬天有地暖和加热设备，棚舍环境全自动智能控制。

（4）舍内配备自动饮水、自动加料、自动清粪等智能设备，禽病发生概率低，人工成本大幅度降低，养殖经济效益高。

由于该模式需要较高的工艺水平以及良好的管理措施配套，目前主要还是在具有较大规模、拥有先进技术水平的养殖场中推广。其缺点是容易造成群体应激以及因粪污不能及时清理导致舍内环境质量差，容易导致疾病的发生。

2.2 智能化养殖方式

在养殖棚舍安装物联网传感器及智能控制设备，对整个养殖环境进行实时自动感应和控制，实现养殖过程大数据的自动采集、上传、存储和分析，大大提升养殖行业智能化和信息化水平。新型智慧家禽养殖场应运而生。

智能装备（传统设备＋智能控制）是智慧养殖的实现路径。常规机械设备在满足功能的同时，增加智能解决方案如自动控制、检测、报警等功能，重点解决用户的工作量、操作的标准化，并具备和控制器（柜）通信的能力。比如智能水线实现了水线的自动调压、缺水检测、自动反冲、定时喂药、水量监控等功能，能有效减轻工作人员劳动强度。联合云服务，能够实现家禽健康预警等，从单纯的饮水，扩展成了集生产操作、智能感知于一体的智能装备。

在养殖经营管理上，养殖户可以使用智慧养殖软件如（App、小程序、客户端）与苗、料、药、屠宰冷藏厂家直接对接业务，网上下单、交流信息、禽病诊断、与专家交流养殖技术、参加培训等。养殖智能化和信息化大大提高了养殖效率和养殖效益。

3 家禽养殖市场规模与发展趋势

3.1 市场规模

据中国畜牧业协会禽业分会统计，2021年，我国家禽出栏191.13亿只，其中，白羽肉鸡65.32亿只，黄羽肉鸡40.42亿只，817肉杂鸡19.10亿只。白羽肉鸭35亿只，鹅5.66亿只。市场规模十分可观。

3.2 养殖各环节机械化现状

3.2.1 饲喂、清粪、环控环节机械化状况

规模化养禽场的饲喂系统主要由料塔、螺旋弹簧送料机及挎斗式或播种机式喂料机组成，能自动运行，完成饲料输送及喂料作业。

清粪系统主要由清粪机及横向输送带组成。清粪机按设定时间自动运行，清粪带运转，自动将各饲养列每一层鸡粪输送到饲养列末端，由刮粪板将鸡粪清理到横向输送带上，再由输送带输送到鸡舍外，完成清粪作业。

禽舍配有风机、水帘、锅炉或热泵，在环控器控制下运行，实现环境通风、夏季降温和冬季供暖的自动化，为鸡提供适宜的生长环境。

3.2.2 捡蛋环节机械化状况

以规模化蛋鸡场为例，捡蛋环节目前是蛋鸡养殖全程机械化的薄弱环节，受资金限制，部分小养殖户购买的蛋鸡笼养成套设备，很多不配集蛋机，只能靠人工捡蛋。

3.2.3 肉鸡出鸡环节机械化状况

出鸡环节是肉鸡养殖全程机械化的薄弱环节，国外采用平养模式，有成熟的抓鸡机器，国内主要是立体笼养，目前尚无成熟的模式及相关机械。人工抓鸡工作条件差，无人愿意干，养殖场一般出鸡都外包给专业出鸡队，每只鸡出鸡要0.15~0.2元，成本较高。以前试验过抽底网、利用清粪带传输出鸡的方式，这种方式伤残率高，屠宰时等级下降。大平层饲养模式虽然出鸡时不伤鸡，但需要大量垫料，且使用垫料易引发鸡球虫病，大平层饲养模式已经被淘汰。

3.2.4 养殖场粪污无害化处理环节机械化状况

与养殖数量增加和养殖规模扩大相伴而生的是粪污无害化处理难题，长期以来粪污处理始终是家禽养殖全程机械化的薄弱环节。随着畜禽粪污资源化利用整县推进项目的实施以及畜禽粪便发酵处理机等粪污处理机械装备列入农机补贴，养殖场粪污无害化处理及资源化利用环节机械化率有了明显提升，规模养殖企业基本配备了相应的机械装备。

3.3 发展趋势

随着我国农业现代化建设的发展，以及相关农业政策方针的出台，国家层面对规模化养殖场的建设提出更高的要求，家庭式养殖模式逐渐退出，一些不符合国家政策规定的规模化养殖场面临着整改及搬迁，我国的农业正朝着环境友好的方面发展，同时养殖也将与种植结合起来，以达到保护、改善农业生态环境的目的，未来的养殖场将向着集约化、规模化和现代化转变，实现清洁生产，绿色发展。

4 智慧养殖解决方案

4.1 方案目标

提升养殖效率，规范养殖标准，收集养殖信息，加强食品安全。

4.2 架构

通过物联网收集养殖端数据，传输至棚舍终端设备，实现对养殖棚舍内环境的控制。通过网络传输至云端，在云端实现数据的收集、储存。通过数据分析实现对养殖过程的优化及对业务的支持，结合运输、加工、销售数据，实现食品安全可追溯。

4.2.1 业务架构

家禽养殖行业的业务流程，根据时间先后顺序分为两大块：一块是种禽的育种养殖，另一块是商品禽的养殖。种禽育种的养殖周期较长，商品禽的养殖周期较短。

种禽的育种养殖是从祖父母代或父母代开始，先是种禽苗的育雏，种禽成熟后进入产蛋期并开始产蛋，种蛋在专用孵化场孵化成为商品禽苗，商品禽苗运输到养殖场进行上雏养殖，商品禽经过智能化养殖，最后出栏并运输到禽肉加工厂，从而形成一个垂直型完整的家禽养殖业务流程。

家禽养殖行业的业务架构如下图所示：

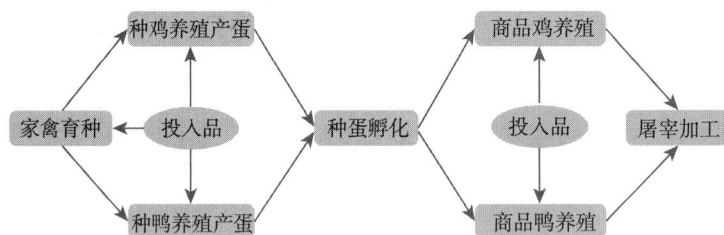

注：图中的投入品是指家禽的饲料和兽药等物品。

4.2.2 技术架构

物联网是通过设备上安装的网络终端，实现对传统终端如自行车、汽车、空调等设备的物联网化，通过安装的处理芯片实现功能，并通过相应的接口将数据同服务器进行交互，实现设备与网络的连接及自动控制。

家禽养殖智能控制架构中，根据设备安装的物理位置来区分，可分为三类，如下图所示：

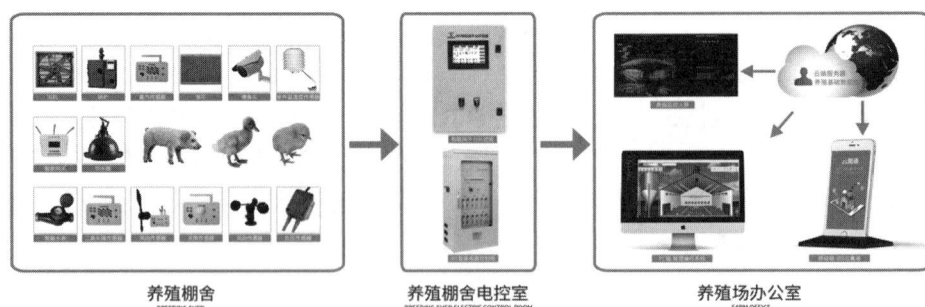

第一类是指在家禽养殖棚舍内部和外部安装的设备，包括高清摄像头、室内型温度和湿度传感器、通风负压传感器、氨气浓度传感器、二氧化碳浓度传感器、光照强度传感器、室外型温度和湿度传感器、室外型风向和风力传感器等设备。

第二类是指在养殖棚舍电控室内部安装的设备，包括棚舍环控集中器（支持风机智能控制、加热智能控制、湿帘智能控制、小窗智能控制、光照智能控制、自动上料控制、自动清粪控制等）、智能水表、综合控制柜以及报警器等设备。

第三类是指在养殖场办公室内安装的设备,包括计算机、互联网宽带、智能网关、大数据显示屏等设备。

所有传感类型数据都单向传输,即各类型传感器感应的数据,通过传输协议上传到环控集中器,再通过智能网关上传到云端服务器进行储存、处理、管理和分析,最后到手机端 App。

由于数据上传云端的传输时延较大,现阶段所有控制型数据都是实行本地实时传输,即各类型传感器数据通过相关传输协议传到棚舍环控集中器,环境集中器根据养殖算法做控制决策,并驱动综合控制柜去实施各类智能控制,以期达到棚舍内部微环境的有效控制。

4.3 智慧养殖解决方案的应用场景

4.3.1 大规模智能化立体养殖场景

在大规模智能化立体养殖场,通过设备实现对养殖棚舍内各项环境数据的采集,并且实时地将数据与环控器进行数据交互,实现对棚舍内风机、小窗等设备的控制。数据上传至云端后,能够通过人工智能算法实现对上传数据的分析,并优化环境控制算法,实现算法的自动升级迭代,达到更加优化的养殖效果。

4.3.2 食品安全追溯的对接

在智慧养殖的前端,以江苏深农智能科技有限公司为例,智慧养殖系统(IBS)的数据,可以通过 ERP 或 MES 系统无缝导入到工厂,并与 CRM 系统对接。这样智慧养殖的数据可以沿"养殖—屠宰—终端销售"这个产业链一直传导到前端。配合前端的二维码追溯系统或者未来的区块链追溯,用户可以从营销端直接看到养殖端的所有过程数据。

4.3.3 智能工厂的对接

禽类养殖的一大特点就是原料(毛鸡、毛鸭等)与生产加工的紧密结合。智慧养殖系统可以提供全天候的养殖数据和养殖管理数据,这些数据在有条件的工厂则可以与 MES 系统对接,直接根据原料的特点调整 MES 系统的生产加工参数。提高生产线的柔性,并保障最终产品质量的一致性。整个过程的关键就在于智慧养殖系统与工厂的 MES 系统的接口设计。

5 总结

智慧养殖汇聚了最新的物联网、大数据、人工智能技术,使得最新的技术应用到农牧行业中,推动养殖的自动化、智能化。智慧养殖解决方案共包括三个部分:物联网传感器、自动控制设备、人工智能与大数据。这三部分共同组成了智慧养殖解决方案,实现了对养殖全过程的实时感知、智能控制、大数据分析。

对于农牧行业来说,智能化发展已然成为大势所趋,过去二三十年,靠着国家发展的红利,粗放管理实现的数量增长掩盖了质量管理的问题。而如今面临巨大的市场竞争和时代挑战,企业必须为自己量身定制精细化的成长方案,通过智能化转型,提升抗风险能力,改变企业的经营模式,降低成本,适应未来互联网时代的发展。同时也要看到,农牧业不同于工业,具有农牧行业的独特特点,对于智能化转型而言也构成了客观上的技术难点,如针对养殖场的生产物资采购、生产管理、生产数据分析及员工绩效评估等特定的使用场景,需要进行针对性的技术开发,以满足农牧业产业个性化的需求。因此,广大畜牧企业应审时度势,不断加强与新兴互联网、智能化服务行业的紧密合作,帮助产业数字化平台积累专业经验,提高技术落地能力,让在线办公软件、系统真正嵌入企业的业务场景,帮助企业实现业务在线、协同在线、沟通在线、组织在线,进而生态在线,解决实际问题,这样才能同产业一起同呼吸共命运,伴随产业渡过危机,并实现自我成长和发展。

家禽智能养殖整体解决方案

—— 江苏深农智能科技有限公司 ——

　　深农智能是国内最早从事智能家禽养殖技术研发的国家级高新技术企业之一，在家禽生理学和动物行为学的基础研究方面长期大量投入，以家禽养殖产业实践中的痛点问题为导向，以与环境工程相关的热能工程学、空气动力学、传热学为技术支撑，积极探索 AIoT 技术在家禽养殖生产实践中的融合创新，目标是以各类传感器替代人的感官，以自动化装备和养殖机器人替代人的身体，以智能化养殖中央大脑和算法替代人脑，实现家禽养殖过程全面数字化、智能化，其中十余项尖端产品技术均为行业首创，在国内外获得多项荣誉。目前，深农智能的产品和技术，支持涵盖鸡鸭鹅和种禽、蛋禽、商品禽的国内外 500 多栋现代化家禽养殖棚舍的日常生产和实时数据管理，全面降低了养殖成本，提高了养殖效率和养殖效益。

1　"大师™"（Master）边缘端养殖大脑

　　传统环境控制系统只是基于温度、日龄、体重、最小通风量等几个简单的参数，既不能应对复杂的气候变化，又不能基于家禽本身的健康状态进行动态调整，其养殖环境控制水平取决于养殖人员自身对环境控制的理解水平。

　　江苏深农"大师™"边缘端养殖大脑，是深农智能基于自身多年对家禽养殖行业的探索和积累，成功研发的行业第一款具有人工智能算法和控制逻辑的家禽养殖边缘端控制系统。该系统一方面基于家禽生理学和动物行为学的研究成果——家禽体感温度的量化算法。另一方面基于对环境微气候中的热能工程学、空气动力学、传热学、PID 精准通风控制算法的研究实践实现了家禽养殖边缘端的精准控制。

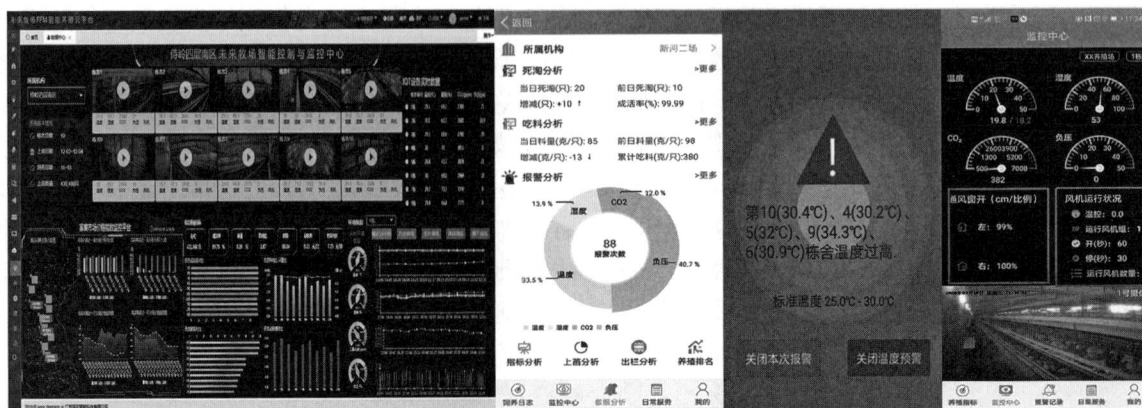

深农智能大师级 Master系列环控器

深农智能
DEEPAGRI INTELLIGENT TECH

环控器是现代家禽养殖生产的大脑，是中央环境感知系统+中央决策运算系统+中央设备执行系统。环控器系统的智能化水平和稳定性，决定了对养殖棚舍内微环境的控制水平，对养殖成绩有着决定性的影响。

深农智能基于自身多年对家禽养殖行业的探索和积累，一方面基于家禽生理学和动物行为学的研究，另一方面基于对环境微气候中的热能工程学、空气动力学、传热学和智能控制理论的研究实践，成功研发了新一代大师系列Master环控器。

传统环控器只是执行养殖人员预先设定好的条件和指令，需要根据外部因素的变化，不断对这些条件和指令进行手动调整，这样的环控器不能应对气候变化或突发因素，无法实现智能化的自主调控，常常导致舍内温度剧烈波动，并引起应激反应，最终降低养殖指标、增加养殖管理难度和养殖成本。

深农智能新一代大师系列Master环控器，采用10.1寸全彩触摸屏，通过图形化的用户UI设计，使得环控器的操作变得非常简单。

深农智能新一代大师系列Master环控器，基于深农智能行业首创的体感温度量化算法、智能通风算法，除考虑温度、日龄、体重、最小通风量等因素外，综合考虑到湿度、风速、气体浓度、室内外温差的变化、各种极端天气（大风、大雾、高温高湿、低温高湿等）、季节变化，以及家禽本体的健康状态，增加了智能湿度算法、防湿冷效应算法、防冷凝现象算法、防应激湿容自动控制功能、全棚育雏控制功能、分段加热控制功能、小窗智能控制功能、导流板分层精确控制功能、智能灯光控制功能、全自动恒温控制功能、焓值计算功能、夜间高湿防失温功能、智能春捂秋冻调控等功能。支持控制屋顶风机、棚尾风机、侧墙风机、搅拌风机，且全部支持智能变频调控，将环控器的无人化智能控制水平提升到了一个新的高度。

除了控制功能，还增加了大量的智能报警功能，包括：露点温度报警、家禽张嘴状态报警、家禽实时体核温度及健康状态报警、温湿度报警、体温度报警、气体浓度报警、负压报警、通风异常预警、温度聚变报警、棚舍温差报警、断电报警等功能。上述控制和报警功能对于养殖现场的生产实践来讲是极为实用的。

为实现上述功能，本环控器配置了深农自主研发生产的大量高精度传感器。传统的环控器一般只有三个热敏电阻温度传感器，而大师环控器则标配9个一致性更好、准确性更高的数字温度传感器、三个湿度传感器、两个负压传感器、一组二氧化碳和氨气传感器、一组光照传感器、一个智能水表及多路进风口开度检测传感器，并可与深农智能即将推出的养殖巡检机器人实现实时交互，进一步推进无人化智能养殖的进程。

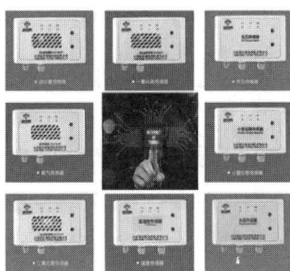

大师系列Master环控器采用模块化硬件架构，实现可无限扩展的控制路数，为未来棚舍新增各种硬件设施和自动化设备预留了无限的可能性，同时集成了物理三档切换开关，使得日常使用更加便捷。

大师系列Master环控器不仅具备以太网、NB-IoT入网方式，同时预留5G功能，可灵活接入后台监、管、控一体化智慧平台，通过手机App或中央控制室大屏，实现环境数据、养殖过程数据、通风方案数据的综合分析和展示。

该系统不仅具备以太网、NB-IoT入网方式，同时预留5G功能，可灵活接入后台监、管、控一体化智慧平台——养殖中央大脑，通过手机App或中央控制室大屏，实现远程控制、多级预警、设备监控、养殖过程数据、通风方案数据的综合分析和展示。

2 手持式无线环境综合检测仪

深农智能的手持式无线环境综合检测仪是针对家禽养殖场多点环境数据监测需求研发的一款智能硬件传感器产品，具体包括高精度的热式风速、二氧化碳、温湿度、体感温度、露点温度、焓值等数据检测功能。通过彩色液晶

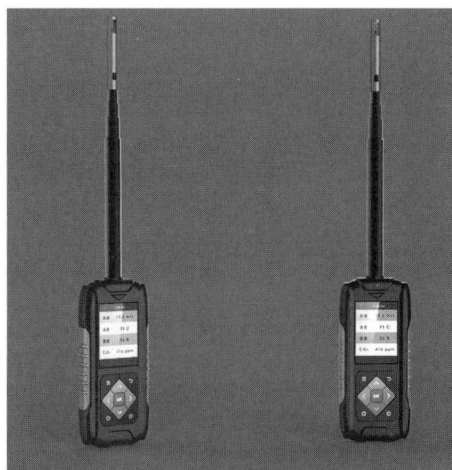

屏幕实时显示环境的各项数据，同时通过蓝牙 5.0 与手机端 IBS 智能家禽养殖系统 App 互联，实时统计、分析、挖掘各项数据，从而精准指导家禽智能养殖。

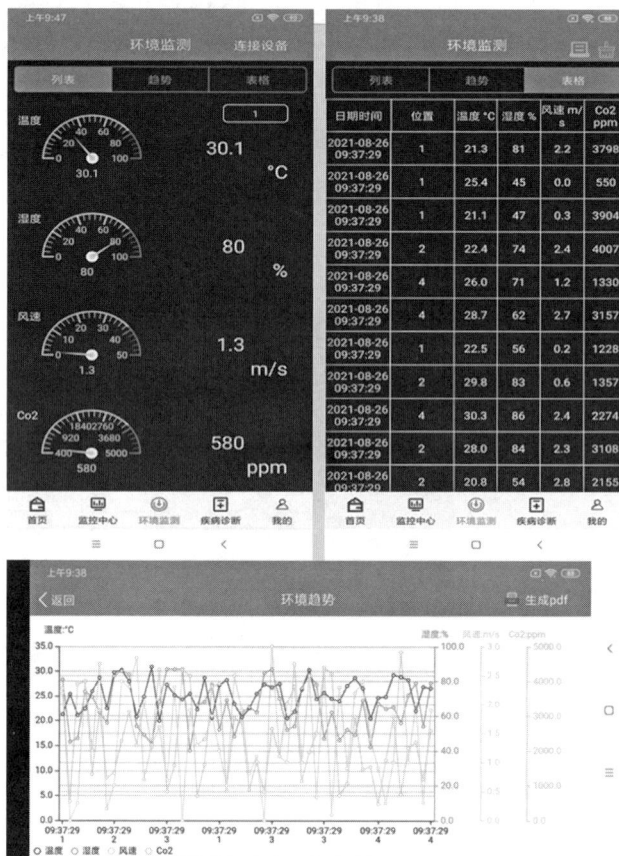

3　家禽 AI 视频舒适状态实时监测系统

　　由于家禽没有汗腺，当舍内环境异常，过于闷热时，家禽就会通过张嘴加速呼吸的潜热散热方式来散热。传统养殖人员需要一天 24h 内多次进入棚舍巡检，通过观察家禽的张嘴率来判断家禽的舒适状态，然后再通过调节通风等方式来降低家禽的体感温度，但人工巡检的准确度和效率很难得到保障。

深农智能家禽 AI 视频舒适状态实时监测系统，通过 AI 摄像头和人工智能算法，自动监测家禽张嘴、扎堆等异常行为，并进行实时张嘴率统计和报警。同时，系统利用家禽个体识别可视化算法，实现家禽的个体识别标注，进而实现智能盘点；自动识别家禽体长、体重、活体率、采食、运动情况，自动采集相关数据，结合声学特征和穿戴测温技术，如遇到异常状态，自动预警和调控，从而使家禽的生长一直保持在最佳舒适状态，保证家禽健康生长；当 AI 摄像头与红外摄像头结合为双光摄像头时，可以进行死禽的监测与统计，这对于蛋禽立体养殖生产管理，具有很高的实用性。

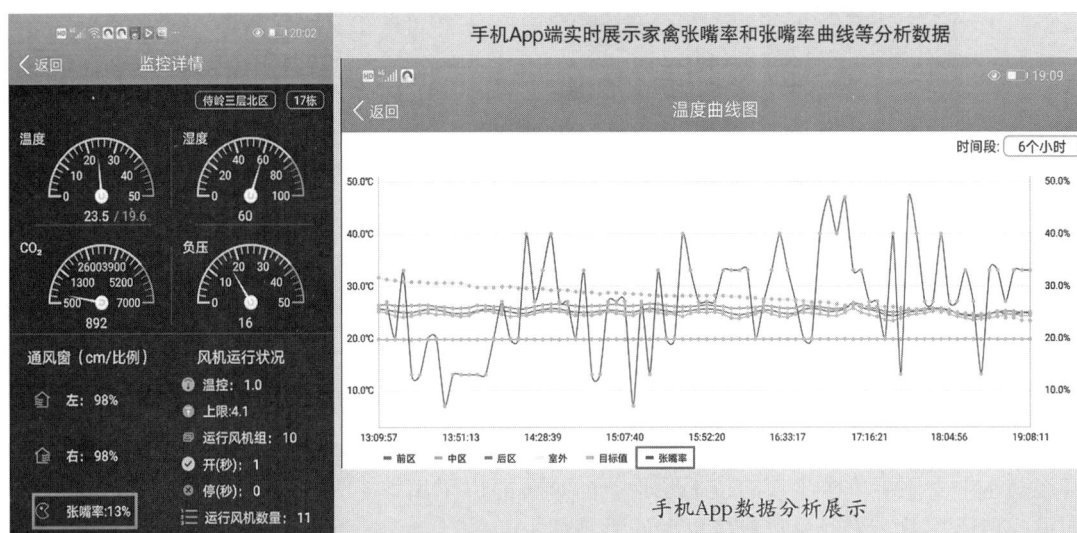

手机App数据分析展示

4　家禽穿戴式传感器与健康状态监测系统

家禽体核温度是家禽健康状态的重要表现。以往养殖人员只能通过人工方式将数字体温计插入家禽的泄殖腔完成体核温度的获取。深农智能推出的家禽穿戴式传感器与健康状态监测系统，将智能传感芯片通过绑定、穿刺、植入等方式固定于家禽腋下，并将获取到的体核温度数据实时上传到云端，在后台进行分析、统计与报警。

此外，还可以通过对三维运动传感器、计步传感器、心率传感器、血氧含量传感器的微型化设计，集成为各种类型的家禽穿戴式传感器，实时获取并上传家禽的运动轨迹、立卧状态、心跳、血氧饱和度等数据信息。这些信息通过智能网关上传到后台云端服务器，云端服务器对这些数据进行人工智能处理学习，形成家禽健康状态的分析与预警模型，以助于养殖生产管理。

深农智能家禽穿戴式传感器与配套的健康状态实时监测系统，可以帮助用户更精确地预测家禽的环境舒适度、疾病状态、抢饲或发情等行为，做好家禽的饲养管理。例如，试验表明家禽在出现发病状况前的 24～48h，禽只的体核温度会异常升高，且不同疾病的升温曲线亦不相同。这对提前预知禽只发病，采取措施预防疾病传播，减少抗生素的使用等都起到了至关重要的作用。

对于商品禽养殖，一般每 1 万只至少安装 1 个传感器；蛋禽和种禽，每 1 000 只至少安装 1 个传感器。有经济条件的，可以安装两倍或三倍的数量，以便更精确地了解大群的健康状态。

5　"鸡娃"（Chiewa）系列家禽养殖巡检机器人

目前家禽养殖生产过程中，巡检基本靠人工完成，巡检质量和巡检效率难以得到保障，且同时存在用工成本、生物安全等诸多问题。

深农智能"鸡娃"系列家禽养殖巡检机器人，搭载激光雷达、AI摄像头、温湿度、风速、二氧化碳等传感器，通过室内自主导航系统进入禽舍，按照既定的巡检路线，进行智能化的环境数据采集与云图的生成，并自动获得家禽产蛋、死淘、张嘴等禽只状态等指标数据，实时监测家禽生长情况，结合扫地等功能，有效地减轻了劳动力紧缺及人工成本上升带来的养殖生产压力，降低了养殖的生物风险及其他人为等因素带来的不确定性。

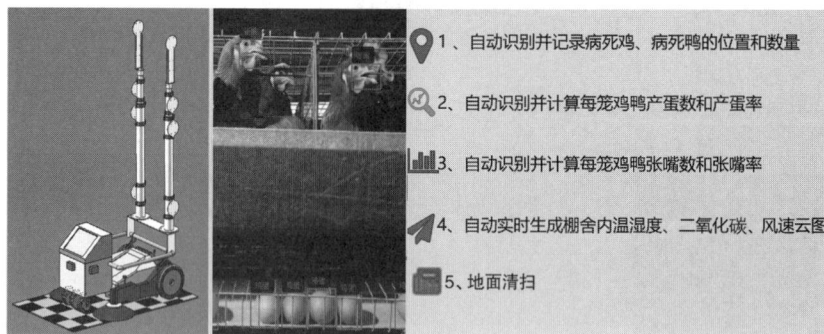

6 AI家禽疾病自动诊断系统

家禽疾病诊断始终是养殖户最关心的重要问题之一，疾病诊断方式是决定防治工作效果的关键。诊断的科学性和及时性，直接影响后续治疗。传统的家禽疾病诊断，是靠兽医赶到发病现场看病下药，其诊断水平受制于兽医个人的技术经验。同时可能由于出诊不及时导致延误治疗，使得疾病进一步加重或传染扩散，给养殖户造成更大的经济损失。

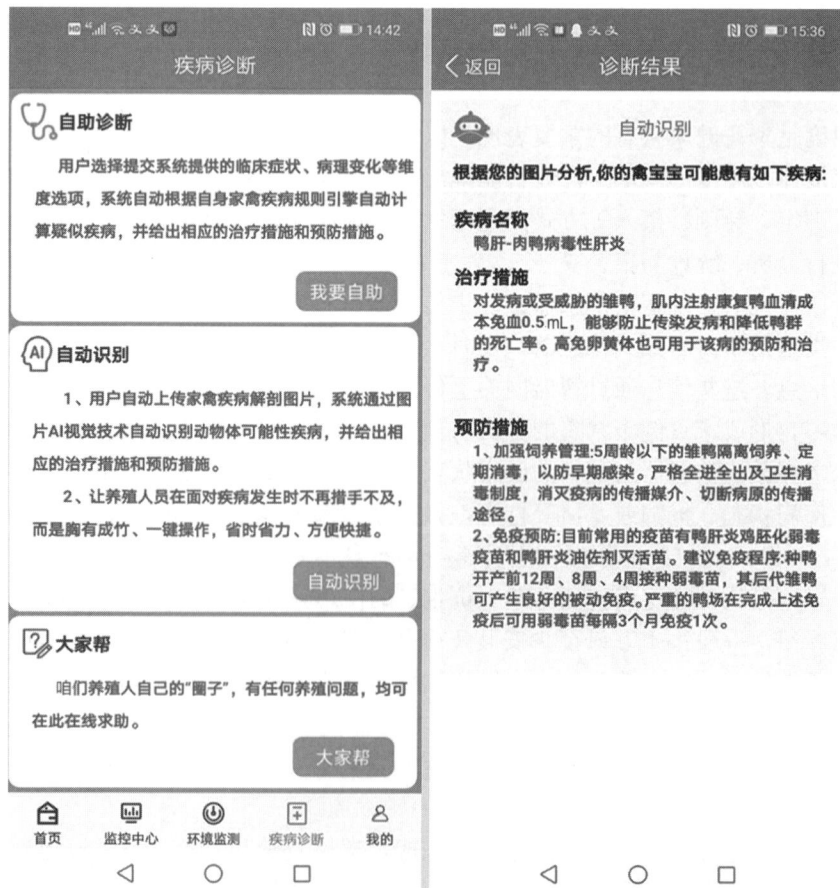

深农智能的 AI 家禽疾病自动诊断系统从流行病学、环境分析、临床症状、病理变化、治疗措施等多个维度，根据业务规则引擎和 AI 图像分类，自动识别疑似疾病，并给出相应的治疗和预防措施。其核心是通过建立家禽疾病的知识图谱，从实际生产中采集疾病的图像与行为大数据，搜集整理专家的知识经验，通过机器学习不断优化系统诊断的准确性，形成一套完善的专家系统。

该系统由深农智能自 2015 年开始立项研发，与多家大学和科研单位合作，目前仍处于不断完善之中。

7　CFM 云上牧场™云端养殖大脑

CFM 云上牧场™云端养殖大脑是基于江苏深农智能对家禽生理与动物行为的监测，以及多年来对家禽体感温度、最佳环境舒适参数的深度研究，综合利用物联网、计算机仿真、区块链、大数据、人工智能等先进技术手段的家禽养殖监-管-控一体化物联网云平台。

深农智能开发的云上牧场™云端养殖大脑将养殖场的人、畜、场无缝连接起来，实现对规模化养殖生产管理全过程的数据采集、分析、预警、决策。通过多屏多端的可视化展示，可同时远程管理监控成百上千栋的棚舍，帮助规模家禽养殖企业实现养殖场统一运营、集中管控、智能决策的数智化战略转型升级。

云上牧场™云端养殖大脑可实现对养殖过程中事件的可监控、可预警、可管理、可追溯，使设备、业务、财务、人员、物料集于一个数字化平台之上，快速准确输出各类型的养殖报表，以便管理人员对养殖数据进行分析，总结养殖经验，不断优化养殖实施方案。

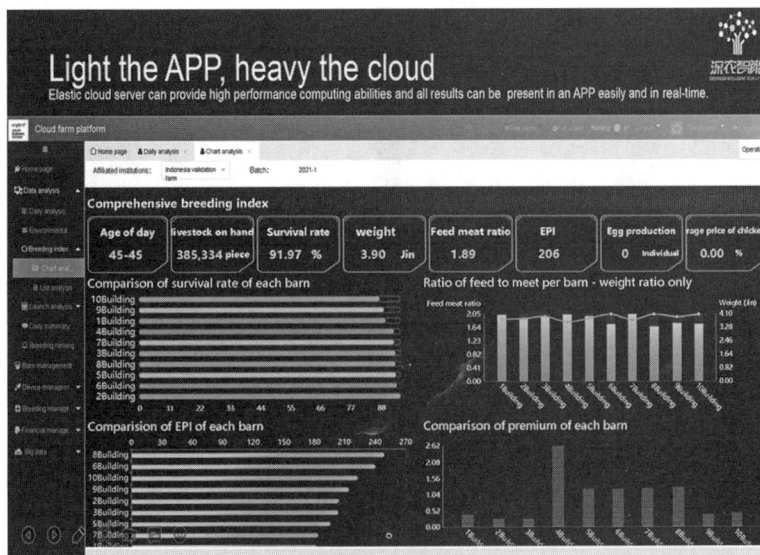

云上牧场™云端养殖大脑可实现养殖棚舍环控系统的集中监测、预警、控制、分析，同时对比分析环境指标数据，在中央控制室集中实现对栋舍内风机、小窗、湿帘、光照、加热装置等设备的远程控制。

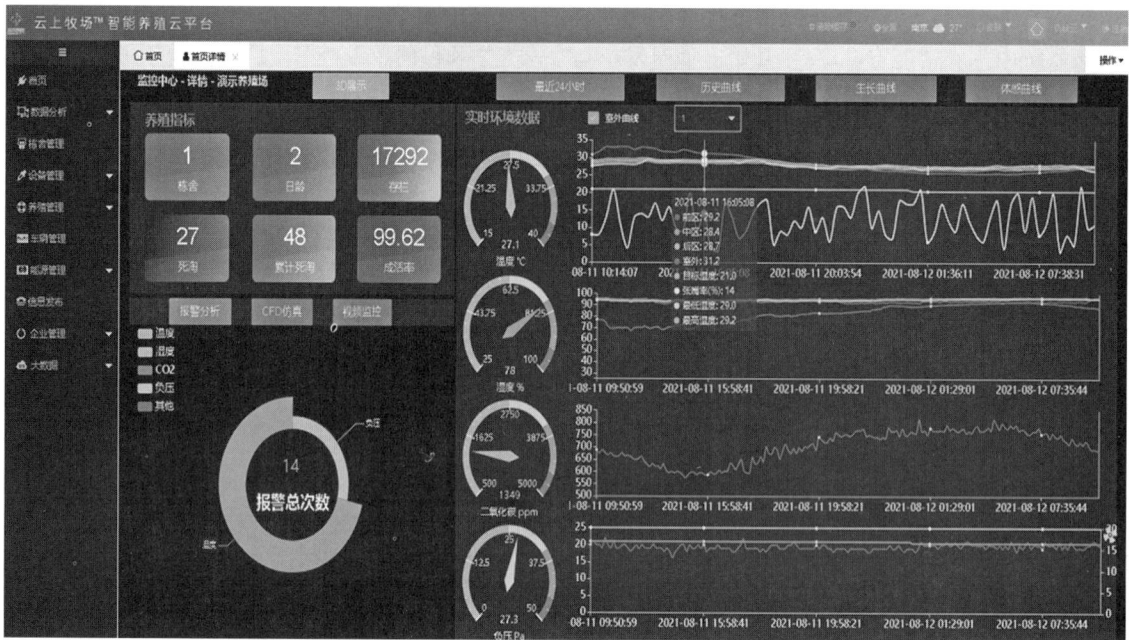

云上牧场™云端养殖大脑可及时获取特定畜牧养殖信息，包括准确的养殖生产过程数据、疾病防疫数据、财务结算数据等，为养殖企业大幅提升养殖效益的同时，也为各级政府监管部门政策制定和监管提供强有力的数据支撑。

手机 App 方便用户实时监测环控指标数据、养殖管理数据、自动预警异常数据等，可对多养殖场养殖指标进行监测分析。

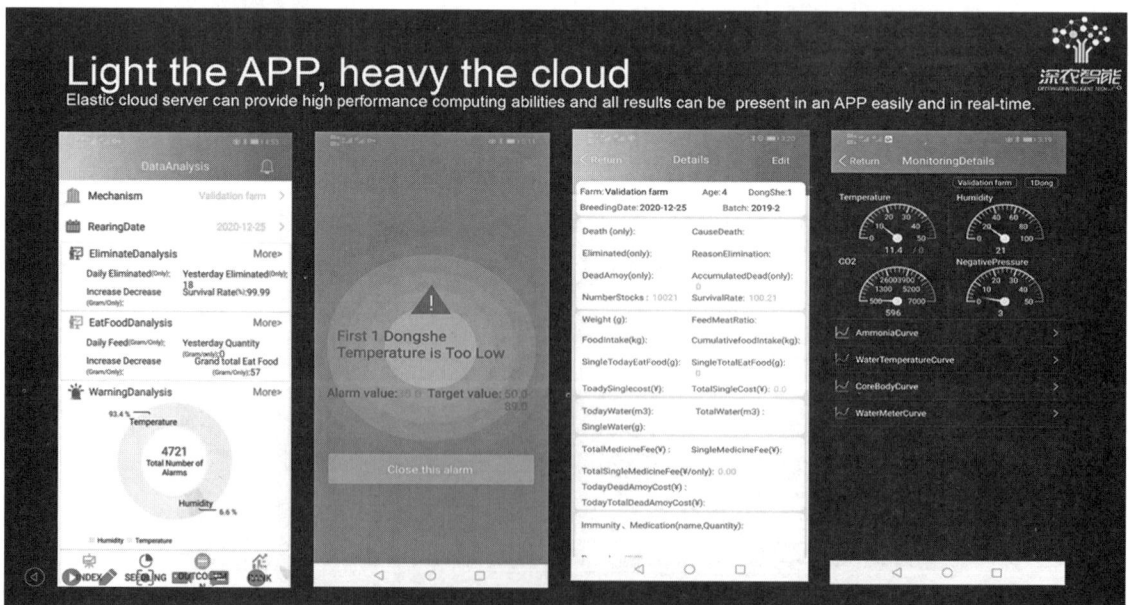

云上牧场™云端养殖大脑，支持为客户定制，现有中文、英文、泰文三个语言版本，目前已应用到国内外多个大中型家禽养殖企业。经实际测算，该产品平均提高了家禽养殖成活率 2％以上，企业管理效率提升 50％以上，家禽疾病发生率降低 25％，养殖企业的人工成本降低 30％以上。

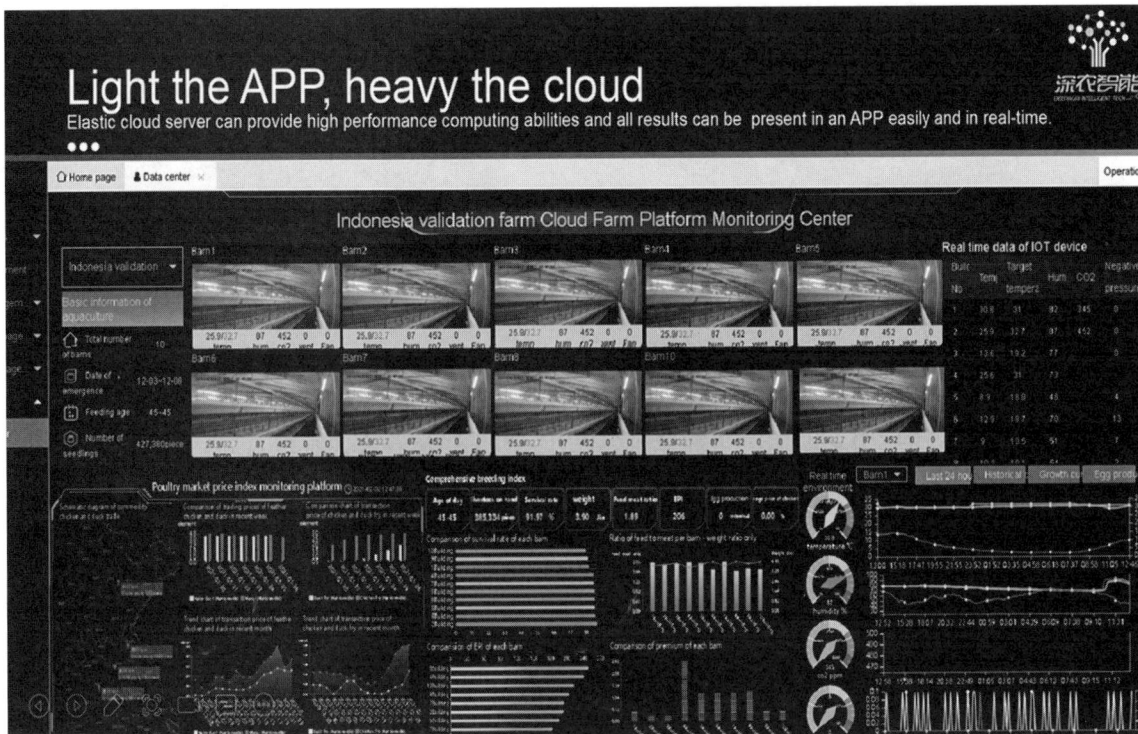

8 畜牧工程

　　畜牧工程包括棚舍规划设计、流体力学仿真、供暖设计等，这些工程项目的设计规划决定了棚舍的硬件基础，只有在一个良好的硬件基础上才能实现更好的养殖收益。深农智能参与了 400 余栋棚舍的规划设计与施工，积累了丰富的经验。

　　江苏深农智能畜牧工程对不同地域、不同养殖形式与规模进行分析、研究、设计、配置，建设和谐、平衡、持续发展的现代化智慧养殖小区。

　　小区规划设计中结合流体力学（CFD）仿真计算，对设计方案的科学性进行验证，提前发现设计中的缺点与不足，提出改进方案，有效避免传统设计中先建设，后在使用中发现问题，再改造所带来的巨大试错成本。

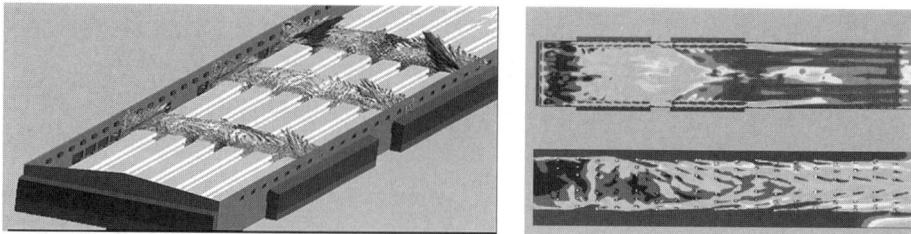

上图为养殖小区设计方案仿真验证，提前发现棚舍设计中存在纵向通风前端笼内风速不足的问题，并提出改造方案。

深农智能在畜牧工程的供暖系统设计方面提供的养殖棚舍一体化供暖解决方案，根据棚舍所使用的保温材料及棚舍尺寸计算出功耗，规划施工与供暖系统设计，为养殖户提供科学合理的改造方案。不仅能满足养殖的需求，而且在节能减排、提升投资回报率等方面有很大优势。

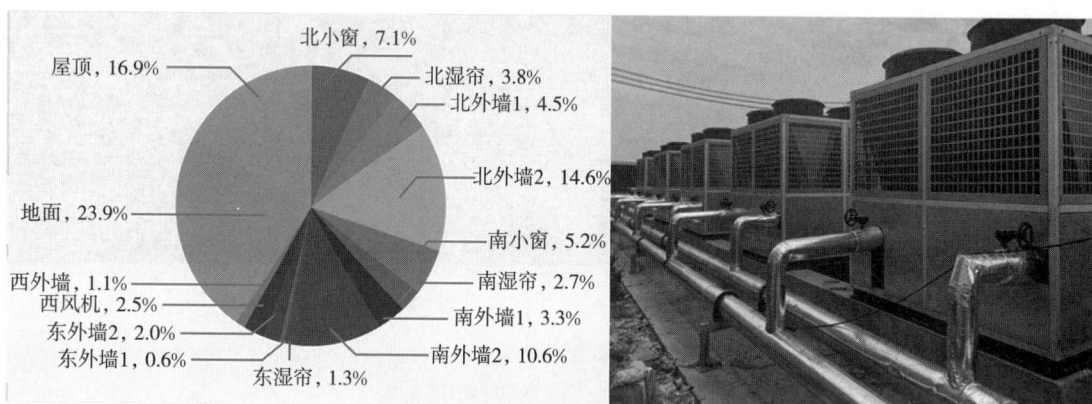

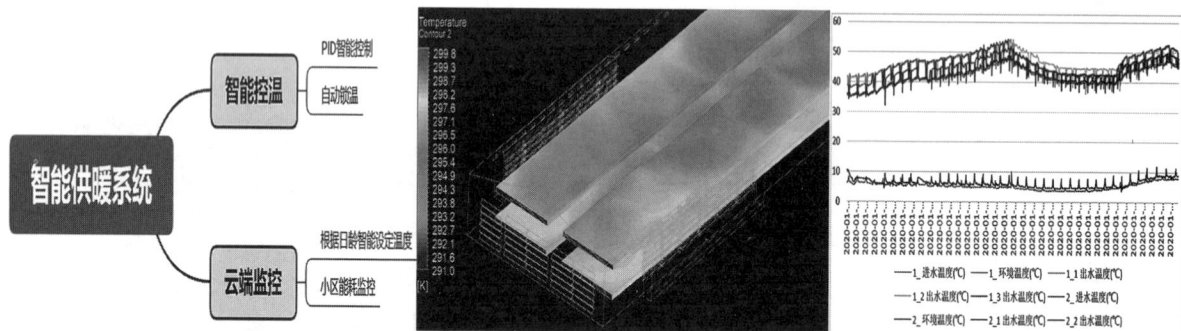

除了科学合理的规划设计施工，深农智能还为用户提供了智能控制及能耗监控方案，系统能够随着养殖日龄自动调节出水温度，最大限度地降低能耗。PID 自动控温算法智能锁定棚舍温度，将棚舍内不同位置温差控制在 1℃以内。养殖户可通过云端监控平台实时了解系统运行状态，获取异常状态的远程报警。

深农智能提供的一体化供暖方案，较传统方案能够节约 50％以上的供暖费用，避免了因温控问题造成的养殖事故，并实时监控系统运行状态，让用户科学、放心地养殖。

9 全棚育雏技术

目前国内立体家禽养殖，主流的通风模式是隧道纵向通风模式，优点是简单、成本低。同时缺点也很明显，尤其是在育雏期间。采用传统家禽立体养殖模式下的育雏：①先在中间层育雏，再均分转群到其他层育成；②育雏期间使用料盘人工上料，费时费力，且料盘易污染；③采用小窗进风＋末端风机负压出风方式，棚舍的前后之间、上下层之间的温差较大，甚至可以达到6～8℃的温差；④传统环控系统用3个温度探头的平均值参与控制，难以实时量化描述和控制复杂的棚舍内环境；⑤大量采用人工观测手段来判断禽只的体感温度。

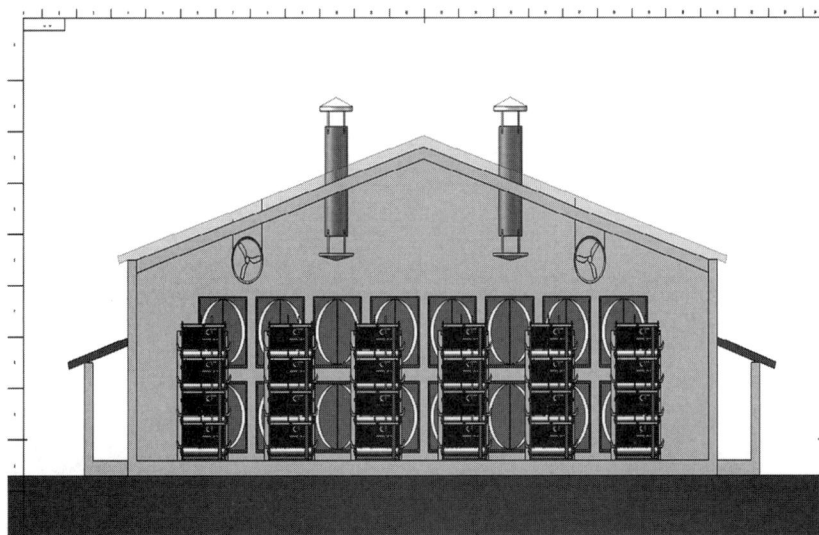

深农智能独有的"全棚育雏"专利技术：①建立在屋顶风机＋搅拌通风的基础上，用垂直排风取代纵向排风，育雏期间笼内静压无风；②通过深农智能大师级（Master）系列环控器内置的智能环控算法、CFD流体动力学仿真技术和智能供热系统，9个温度探头全部参与环控控制，实现温差自动调节（舍内各处温差相差1℃以内，体感温差在0.5℃以内）；③通过深农智能专利的采食孔技术、一体化调节挡板技术、喂料行车智能控制系统技术等多种手段，在整个育雏期间不再使用料盘和人工加料，育雏期间一次性上苗育雏，不再转群分群，直到最终育成；④结合深农智能独有的AI人工智能家禽张嘴自动监测技术、家禽穿戴式无线体核温度监测技术、养殖巡检机器人技术，大大提升育雏期间的精准控制水平和智能化自动化水平，最终实现养殖成活率、料肉比和只增重方面养殖业绩的稳定提高。

10 养殖装备

随着时代的进步，立体养殖装备也朝着科学化、自动化和智能化方向发展。对笼内风速场的研

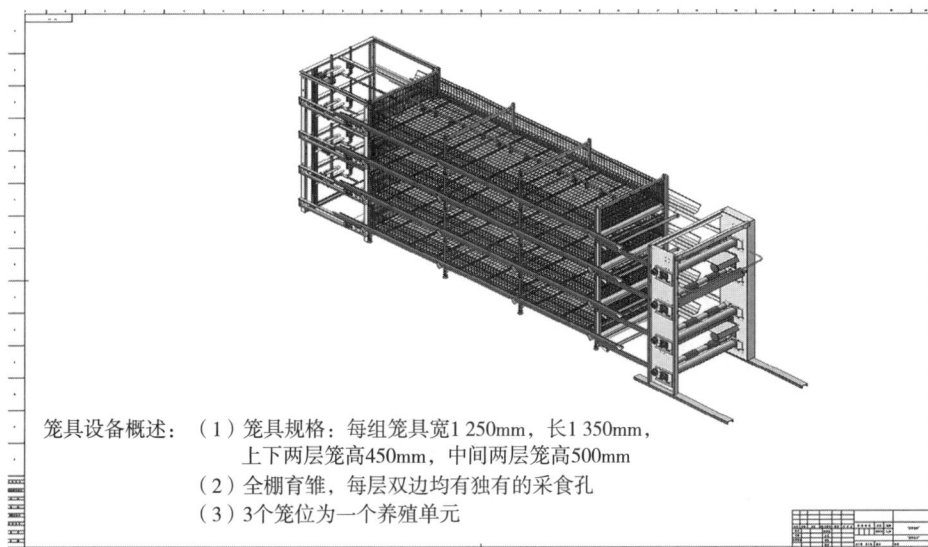

笼具设备概述：（1）笼具规格：每组笼具宽1 250mm，长1 350mm，
上下两层笼高450mm，中间两层笼高500mm
（2）全棚育雏，每层双边均有独有的采食孔
（3）3个笼位为一个养殖单元

究越来越精准，对家禽最佳舒适环境的各方面参数的探索越来越有经验，立体养殖笼具在设计上越来越科学，工艺和安装水平迅速向国际先进国家看齐。

目前立体养殖设备主要分为两个方向：一是立体笼养设备；二是立体福利平养设备。

深农智能是行业最早实现大规模商品鸭立体养殖的企业之一，并于 2018 年推出了全球第一款具备自动出鸭功能的商品鸭立体养殖设备。此后陆续推出了青年鹅立体养殖装备、蛋鸭立体养殖装备等。

11 智能化向产业上下游延伸

家禽养殖是农牧食品产业链上的一个重要环节，要实现全面的智能化，也需要产业的上中下游环节进行相应的智能化改造，以匹配养殖环节的智能化。

养殖的质量（只重、只数、均匀度、皮炎、断翅等），一直是养殖场和屠宰厂之间争议最多的问题。2017 年，深农智能通过在屠宰工厂生产流水线安装人工智能摄像头，实现了肉禽只数、均匀度和皮炎统计数据的自动生成。

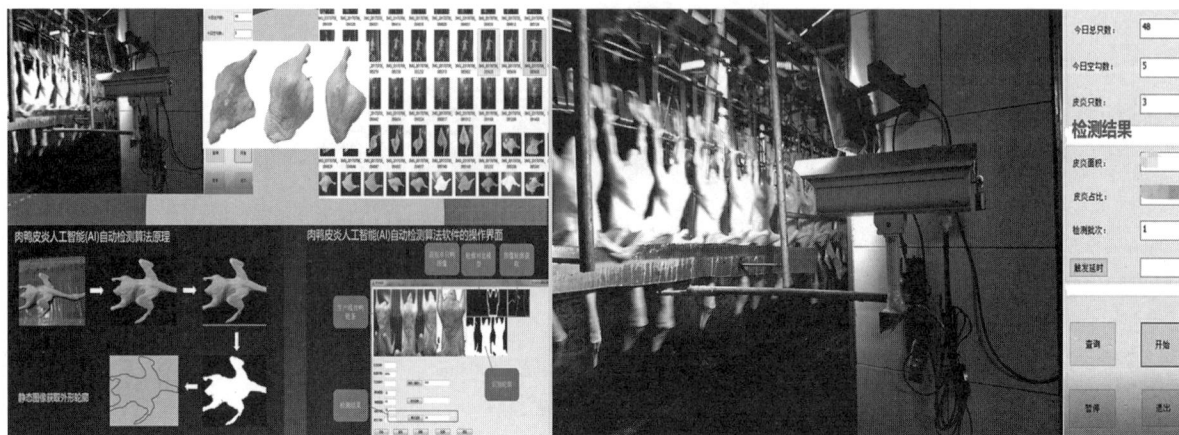

　　饲料的加工生产需要多种原材料按一定的配方比例混合，一个生产车间的料罐数量有时多达 80 多个，过去通过人工方式观察测量料罐内剩余的料量，费时费力，且无法实现连续观察。

　　深农智能通过实时检测料罐料的高度，记录与浏览每个罐的料量，生成一段时间内料罐的料量变化曲线与数据报表，大大提高了饲料场的数字化、智能化水平。

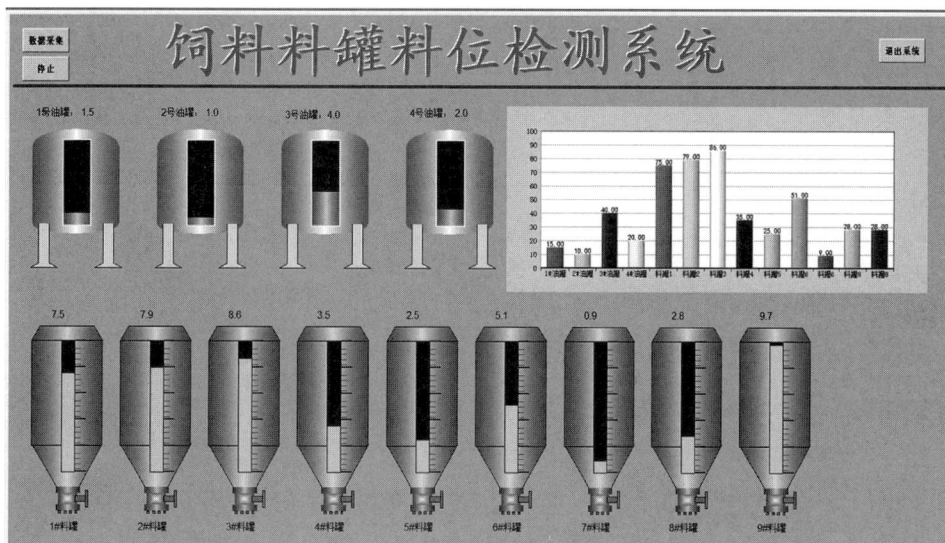

　　我国家禽消费的产品类别，相对于西方人来讲要复杂得多。西方人不吃或少吃的头、脖、掌、翅、爪、心、肝、胗、血、骨架等，在我国往往是高价值产品。这种产品结构对于食品加工厂（屠宰厂）的精细加工水平提出了很高的要求，也由此导致我国的屠宰场无法实现规模化、自动化，往往成为劳动力密集型企业。深农智能旗下的智能装备子公司，近年来在这方面做了大量研发和创新工作，推出了业内首创的诸多产品。

　　例如，自主研发的鸭胗自动加工生产线，用于完成鸭胗加工中的自动开胗、清洗、磨胗、刮胗工序，单线可节省人工 4～5 人。

　　鸭自动开膛设备是用于鸭开膛工序的加工设备，采用纯机械结构设计，速度随链条速度自动调节，解决了传统人工开膛伤肠、伤胗、开膛不正的问题，并在提升产品品质的同时有效降低了人力成本。

鸭食管自动加工生产线是用于鸭食管工序自动加工的设备，实现了撸油、剪食管、穿食管工序的全自动加工，在提升劳动效率、提升产品质量等方面成效显著。

基于现代信息技术的智慧蛋鸡服务平台

北京沃德博创信息科技有限公司

1 研究背景

我国蛋鸡行业经过 40 年的发展，取得了举世瞩目的成绩。蛋鸡育种科技力量显著增强，育种工作成效显著，良种遗传潜能持续提升，生产规模世界第一。蛋鸡产业成为农村经济的支柱产业，在带动农民增收致富、促进农业经济社会发展、加快乡村振兴战略实施等方面发挥了重要作用。

目前，我国蛋鸡养殖的主体仍为家庭农场，生产管理相对粗放，以经验养殖为主，缺乏科学养殖指导，导致鸡只遗传潜能无法完全发挥，生产效率相对低下。同时，当前我国蛋鸡养殖在农村，农资进村和农产进城的流通环节多、物流成本高，导致农户"买什么、什么贵，卖什么、什么贱"，养殖效益低。这些问题迫切需要借助现代信息技术来赋能产业，解决困扰养殖户的痛点，使其不出家门也能养好鸡、卖好蛋。

2 成果核心内容介绍

智慧蛋鸡服务平台应用云计算、大数据、人工智能等现代信息技术，建立养殖场（户）与农资供应商、养殖场（户）与农产采购商直接交流的平台，打通产业链上下游，构建中国蛋鸡行业生态圈。平台呈现九大功能，为养鸡人推送最需要的信息和技术，提供在线交易服务，帮助养殖场（户）实现快乐养鸡、轻松买卖。

2.1 行业资讯

作为蛋鸡行业的"今日头条"，精准推送蛋鸡养殖相关的重磅政策、权威管理和最新技术。同时依托大数据个性化推荐技术，系统可根据用户所关注的"关键词"，智能筛选并精准推送信息，带给用户"千人千面"的新体验。

2.2 市场行情

每天发布中国蛋鸡市场价格信息，同时推出蛋鸡行情四大指数，定期发布行情报告，打造中国蛋鸡行业晴雨表，为生产经营提供可靠的参考依据。其中进鸡指数是以蛋鸡市场大数据为基础，结合蛋鸡行业周期性、季节性变化规律，为养殖场（户）提供预测养殖收益的智能应用。用户只需在系统界面中选择品种、进鸡时间和饲养周期，指尖一点就可"秒"出指数，提升了用户养殖的风险预测能力。

·ıll 中国移动 4G	15:12	米 67%	

< 市场行情

价格	**蛋价**	成本	盈利	进鸡	行情
信息	**指数**	指数	指数	指数	报告

蛋价 指数 ▸ 500千克鸡蛋的全国加权平均价格，涵盖全国各地红壳蛋、粉壳蛋、白壳蛋价格

◎ 全国 ▾ ⚏ 蛋价指数:**4518** 14↑

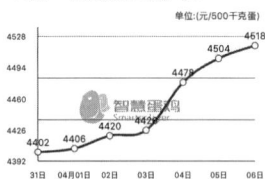

单位:(元/500千克蛋)

省份	指数 (元/500千克蛋)	涨跌 (元/500千克蛋)
安徽省	4404	43↑
北京市	4593	47↓

点击此处查看更多分析数据

·ıll 中国移动 4G	15:12	米 68%	

< 市场行情

价格	蛋价	**成本**	盈利	进鸡	行情
信息	指数	**指数**	指数	指数	报告

成本 指数 ▸ 500千克鸡蛋的社会平均生产成本，涵盖饲料|兽药|人工|水电|折旧|利息|种雏等成本

◎ 全国 ▾ ⚏ 成本指数:**4357** 6↓

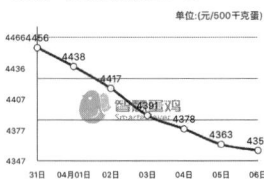

单位:(元/500千克蛋)

省份	指数 (元/500千克蛋)	涨跌 (元/500千克蛋)
安徽省	4426	7↓
北京市	4147	2↑

点击此处查看更多分析数据

肉鸡养殖智能鸡秤

深圳市联之有物智能科技有限公司

在温氏集团的"公司＋农户"的养殖模式中，公司要求养殖户或者技术员每周对鸡抽样称重，记录到生产系统中，以方便公司了解养殖户的鸡群的生长状况和判断上市时间等。但人工抽样称重过程中，抓鸡的行为不仅会使鸡产生应激，而且费时费力。为了解决人工称重的痛点，减少养殖户和技术员的工作量，深圳市联之有物智能科技有限公司针对不同的养殖场景和不同人员的使用需求，研发了三种智能物联网鸡秤，分别是平养鸡秤、笼养鸡秤和半人工鸡秤。结合物联网技术，由硬件端的鸡秤自动采集数据，通过物联网上传体重数据到云端，用户便可以在移动端/桌面端查看、处理、统计和分析数据。

从整个养殖业务流程价值链来看，体重能最直观反映鸡群的生长状况，也能最直接体现价值驱动力。因此，在养殖生产管理中，对家禽重量的采集尤其重要，但国内普遍的方式仍是依靠人工采集重量数据。人工采集方式的缺点是工作繁重效率低，数据不精准；每周测量一次，数据时效性不够；人工抽样称重，鸡群容易产生应激。

国外自动鸡秤普遍采用有线方式，安装烦琐、成本高，主要针对白羽鸡，价格高，售后服务不便，难以普惠全面应用。同时设备的数据接口与数据服务不满足大企业要求。

深圳市联之有物智能秤技术有限公司基于 AIoT 技术，打造出符合我国养鸡称重应用的智能鸡秤，产品数据无线传输、安装便捷、操作简单、性价比高。

1 产品分类

1.1 平养智能鸡秤

平养智能鸡秤无须外接电源，内置锂电池可工作 3 个月以上，可循环充电；无线数据传输，无须单独接线，现放现用。自动采集鸡群日均重、日增重、均匀度等数据，数据可上传至"联小智"微信小程序，形成图表显示，体重异常及时预警，平均精准度在±30g 内，算法不断迭代升级。

1.2 笼养智能鸡秤

笼养智能鸡秤扁平化设计，更适合笼养鸡舍；无须外接电源，内置锂电池可工作 3 个月以上，可充电；无线数据传输，无须单独接线，现放现用；自动采集鸡群日均重、日增重、均匀度等数据，数据可上传至「联小智」微信小程序，形成图表显示。

1.3 蓝牙鸡秤

蓝牙数据传输，称重数据实时同步至手机，无须手工记录。

1.4 LinkFarm 平台及联小智

1.4.1 鸡群健康分析

通过对鸡群重量、均匀度、日增重等数据的监测，直观反映鸡群生长健康和发育状况，发现异常及时干预与指导，同时减少人工称重对鸡群的应激影响。

1.4.2 饲料营养配方优化

通过对同类品种、异类品种的鸡群生长发育状况的追踪分析，结合饲料原料营养成分、采购成本等综合分析，优化饲料营养配方，节约成本。

1.4.3 品种选育指导

通过对鸡群重量、生长状况、繁育性能、生产管理、疾病监测等综合分析，优化品种选育结构。

1.4.4 远程管控

借助 AIoT 技术与信息化手段，实现鸡群重量实时监测，可以有效提高远程管控效率，精准科学地指导日常生产管理，有效降低运营管理成本。

1.4.5 上市预测、 精准销售

实时掌握各养殖场鸡群重量、均匀度、日增重，智能预测最佳上市日龄与上市均重，结合市场价格动态变化情况与客户需求，提前布局销售计划，实现精准营销。

1.4.6 等级销售、 收益最大化

结合鸡群重量与均匀度分布，针对客户需求进行等级销售，实现收益最大化。

AMACS 全控系统

必达（天津）家畜饲养设备有限公司 ——

1 核心技术

AMACS 全控系统通过全可视化的操作，融合了蛋鸡生产的全过程控制，实现饲料分层计量、自动补料、限饲；利用网络技术将气象站数据分配到网络内各个鸡舍，智能通风达到整体控制，自动分配鸡蛋的输出量与分级机的匹配，降低破损/裂纹率，实现鸡蛋收集全程自动化。数据记录、操作记录全程可追溯，数据链接功能，统计系统的运行时长并提供用户维护预警。

AMACS、Big Dutchman®（大荷兰人公司）为更高效的鸡蛋生产提供软硬件方案。

AMACS 可以控制和监控大型综合农场上的所有房舍。通过网络可实现远程访问，可以使用个人电脑、智能手机或平板电脑监控不同位置的鸡舍，适合任何规模的鸡场，从单个房舍的小型鸡场到大型综合鸡场；适合鸡场的各种需求；采用模块化设计，随时可以扩展；报警信息可通过电子邮件发送到智能手机或平板电脑上；集成摄像头，直接传输鸡舍内的图像；支持远程维护，即在获得批准的情况下，专家可以远程登录农场控制器，出现故障时可以提供快捷服务 AMACS 的功能可覆盖现代鸡蛋生产的各个方面。

气候控制、生产（饲喂、饮水、光照……）、舍内鸡蛋收集、整个鸡场的鸡蛋收集直到打包机、舍内粪便干燥、粪便干燥通道、能耗记录鸡场终端软件应用于大型综合鸡场。

农场员工可以在他们的个人电脑或者笔记本电脑上使用农场终端软件，在其负责区域独立操作 AMACS，可以创建多达 50 个拥有独立权限的用户，追溯农场的所有活动。

112 ·

2 应用效果

应用在国内 4 个单场规模超过 300 万的蛋鸡场内，鸡舍采用了全套的 AMACS 全控系统来控制通风、喂料、饮水和鸡蛋收集，将饮水量、饲料消耗计量到每一层，可以及时发现鸡群异常。鸡蛋收集采用了全自动的控制模式，确保了最低的破蛋率，提高工作效率，充分发挥分级设备的最大生产性能。

3 发展前景

AMACS 全控系统增加了数据联网、算法互通功能，区域自行确定控制模式，依据气象站的历史数据来进行主动调控，摆脱被动反应，降低客户的控制难度，改进饲喂控制算法，可以实现控制型饲喂，降低养殖成本。

史缔纳智慧通风环控解决方案

史缔纳农业科技（广东）有限公司

1 核心技术

Stienen BE 是一家植根于畜牧业的家族企业（1977 年），经过在畜牧业 40 多年的探索、经验总结、技术开发，已经成为全球领先的农牧产业自动化解决方案服务商。目前拥有全自主研发的环境控制解决方案以及配套的农场物联软件管理系统等一系列硬件设备和软件系统。站在客户的角度去解决问题，加速农业养殖产业互联升级，实现互助共赢。

史缔纳智慧通风环控解决方案，采用荷兰先进的通风设计理念。通风系列产品主要包括：KL64xx 系列中央控制器、KL 64 控制器、AQC 风控测量单元、FC 102 变频器、SGS 高压风机、AL－10 报警器、Aero X 热交换器、Aero Wing 通风窗、Farm Connect 云平台。

2 应用效果

Stienen 史缔纳农场环控设备根据动物的生长需要，为动物提供舒适的温度、湿度、风速、干净的新鲜空气，同时排出动物栏舍内的二氧化碳、氨气、湿气、粉尘等有害物质。通过确保温度和通风均匀性，Stienen 史缔纳环控设备有效降低温度及通风不均匀、温差大造成的冷应激或热应激给动物带来的负面影响，提高动物的健康水平与生产水平，保证饲料消化率与利用率最大化，从而保障并提高动物生长速度，提升生产效益。通过科学的动物生长曲线，调节舍内所需通风量，满足不同生长阶段动物不同的通风需求。

3 发展前景

以尽可能低的成本获得较好的成果，只有依靠久经考验的技术让养殖场日复一日保持最佳的状态才能实现。在先进的环控生产理念下，在正确的地方以正确的速度为家禽提供合适的新鲜空气。Stienen BE 开发了一系列完整的控制器、空气控制单元、风机、报警系统和管理软件，为全球客户提供正确的解决方案，为智能化养殖提供了基础保障。

智能化养鸭物联网平台

—— 新泰市天信农牧发展有限公司 ——

智能化是自动化的升级和延伸。在日常生产和生产管理中以"智能化"逐步代替"人工管理"，不仅要代替人的双手、双脚和部分五官如眼睛（可观察鸭群行为、饮食情况以及照明、设备运行、舍内卫生等情况）、耳朵（可辨听鸭群发出的各种声音）、鼻子（可辨别舍内气味），而且要取代人的大脑思维、分析、判断和决策能力。天信农牧生产管理"智能化"的实现依靠感知技术、物联网、机器人技术、通信技术、云计算和大数据等现代信息技术，并深入融合肉鸭养殖的专业知识和技术经验。

1 核心技术

（1）具有感知能力，能够感知外部世界并获取外界信息。

（2）具有记忆和思维能力，能够存储外界信息及由思维产生的知识，同时能够利用已有知识对信息进行分析、计算、比较、判断和决策。

（3）具有行为决策能力，对外界的刺激做出反应，形成决策并传达相应的信息。

2 技术优势

天信农牧的肉鸭养殖，在饲养管理方面的"智能化"主要表现在以下方面。

（1）鸭舍环境的智能化控制。

（2）肉鸭行为、生理信息的智能化监控。

（3）移动机器人的智能化巡检。

（4）疾病的智能化诊断。

（5）光照的智能化控制。

（6）生产大数据的智能化分析。

3 应用效果

在以上技术的加持下，目前天信农牧肉鸭养殖取得了较好的成绩，具体表现在：

项目	数据
肉鸭成活率	98.5%以上
平均只重	2.9～3.2kg

（续）

项目	数据
养殖天数	35～38d
料肉比	(1.75～1.80)∶1
人均养殖数	3.2 只

4　发展前景

　　智能化养鸭物联网平台可以帮助企业实现系统的管理目标，通过建立标准化的养殖管理流程规范，生成智能化的生产计划，实现养殖业务全程的事先计划、事中控制与事后分析。当发生执行任务偏差时可及时预警，并推送给相关责任人。同时满足业务财务一体化的要求，所有业务数据可以共享给财务部门，实现成本核算的实时精细化计算，对比分析不同指标并形成报告。

　　例如在经济效益的数据分析方面，对料肉比、日增重、死亡率、用药量、出栏重、均匀度等KPI 指标考核。同时还需要做场间对比、同比和环比。

　　数据分析的意义在于细致地寻找能够解决问题的线索，并以此来解决问题。传统企业的决策过多依赖于有经验管理者的眼光和洞察力，而数据分析是把这些眼光和洞察力转化为人人可读的数字。用于数据分析的数据可能来源于企业管理的各个环节，包括品种、生产、环境、疾病，只要是和分析目标相关的都可以收集。分析的结果不仅要呈现目标的过去和现状，也应该能够预测未来的变化。

智能反刍动物产业篇

反刍动物智能化发展现状与趋势

畜牧业作为农牧民增收的支柱产业，其品类多、规模大、链条长，是农牧区基础性、支撑性产业，且与生态环境密切相关，在乡村振兴战略中扮演着极其重要的角色。建设智慧畜牧业，是畜牧业现代化管理的必由之路。反刍动物养殖由于产前、产中和产后全产业链环节的信息数据量大，依靠传统的"眼观手抄"方式对数据获取困难，数据可利用率低，对生产管理的指导、推动作用非常有限。科技创新突破了畜牧业"质"的瓶颈，市场化机制突破了畜产品"量"的瓶颈，畜牧业已经告别了粗放经营的低水平时代，迈入一个崭新的阶段。

新基建背景下，智慧畜牧渐成趋势，迫切需要加强云计算、人工智能、大数据、5G、物联网、区块链等新技术在畜牧业的应用，提高圈舍环境调控、精准饲喂、动物疫病监测、畜禽产品追溯等多场景应用的智能化水平。乡村振兴战略背景下，人民银行、银保监会、证监会、财政部、农业农村部联合发布的《关于金融服务乡村振兴的指导意见》提出要拓宽抵押物的范围，推动活体畜禽抵押。

在新基建、乡村振兴战略强有力的支持和保障下，反刍动物智能化技术领域呈现出"百花齐放、百家争鸣"的局面。

1 反刍动物智能化技术领域"百花齐放、百家争鸣"

1.1 围绕健康、疾病、环境和自动识别的各种传感器

传感器系统是反刍动物智能化技术的核心，常用的传感器设备包括射频识别技术（RFID）、牛奶电导率、加速计和计步器等。如，射频识别技术（RFID）用来自动识别动物个体，能够提高每头动物的可追溯性；牛奶电导率监测乳成分和奶质量，用来诊断奶牛是否发生疾病；加速计和计步器测量动物的躺卧时间和次数、反刍时间和次数等，实时监测奶牛的健康和福利指标，如跛行、发情情况。

1.2 围绕着热/冷应激，提高动物舒适度的产品

环境中的热/冷应激通常会降低反刍动物的生产和繁殖性能以及健康和福利，是生产中非常重要的经济问题。通过精准环境控制系统，建立起温湿度等环境指数对奶牛影响的常用指数模型（如温度湿度指数与躺卧时间、反刍时间、采食量、产奶量呈显著负相关关系），有效应对热/冷应激对反刍动物养殖带来的负面影响，提高动物的生产性能和福利。

1.3 围绕产奶量、日增重等生产性能的管理和效率，研发的智能奶厅管理系统、自动称重分群机器人、生产性能测定系统等相关设备和软件系统

产奶量和日增重是衡量动物生产性能最关键的指标，是牧场生产效率最直观的体现方式。通过

智能化的系统自动测定并记录相关数据，管理人员可以及时了解动物生产是否发生异常情况，并采取有效措施对动物进行管理。

1.4 围绕着动物行为，包括躺卧、行走、采食、反刍、爬跨等，常用的监管技术有可穿戴设备（计步器、电子项圈）、AI 机器视觉分析等

2 国内反刍动物智能化产业现状

2.1 产业物联网

2.1.1 生物可穿戴设备

对反刍动物进行行为监测包括采食行为、躺卧行为、反刍行为、发情行为等，常用的精准养殖设备有计步器、电子项圈、加速计等可穿戴设备。相关研究表明，反刍动物发生异常行为（如躺卧时间太短、采食量降低、站立时间太长等）是动物身体处于亚健康状态的体现，管理人员通过使用这些设备进行监测，能够在早期发现疾病，尽早采取干预措施，降低牧场损失。

能够提供可穿戴设备的公司主要有以下几个：

公司名称	国家	可穿戴设备类型	主要功能
阿菲金	国外	计步器	计步、发情监测
利拉伐	国外	项圈	计步、发情监测
SCR	国外	项圈、计步器、耳标	计步、发情监测、反刍
SAC	国外	项圈、计步器	计步、发情监测
睿保乐	国外	项圈、计步器	定位、计步、发情监测、反刍
国科蓝海	中国	项圈、计步器	定位、计步、发情监测、行为监测、健康监测
丰顿	中国	计步器	计步、发情监测
奥特	中国	计步器	计步、发情监测
中恒国科	中国	项圈	定位、计步、发情监测

在数据传输方式上，国外的产品都必须要配套安装本公司生产的数据接收天线设备，数据通信范围有限并且受到养殖场建筑物、树木等影响很大。国内的产品都有多种数据通信方式可选，既有专用接收天线设备，也有 NB 和 5G 通信模式。

在产品使用寿命上，这类产品最少使用 3 年，个别产品可以使用 5 年，主要取决于数据传输方式、数据传输频率、低功耗芯片设计方面。

河北省畜牧良种工作站、河北工业大学和北京国科蓝海基于 5G 网络平台，研发奶牛生物特征（生理、行为）智能识别关键设备和智能管理系统并示范应用。该设备是新型生物可穿戴设备，基于智能传感技术对奶牛体温、心跳、呼吸频率、运动加速度等方面数据进行实时测量和采集，利用统计学、大数据技术、专家系统的智能算法，识别奶牛生理和行为特征，建立奶牛的疾病预警、发情揭发关键养殖信息模型，搭建信息数据库，实现疾病早期精准预警、发情精准揭发的效果。基于 5G 的可穿戴设备 24h 不间断采集数据，每小时上传 1 次，疾病状态及时预警，发情揭发率达到 95%，使得揭发率超过人工观情 150%，提高 21d 怀孕率 4%，胎间距平均缩短 8d，每头每年平均单产提高 200kg。

2.1.2 精准环境控制

养殖环境变化是影响奶牛产奶量和采食量的最重要的因素，养殖环境精准控制系统是牛舍设施设备的关键系统，奶牛场精准环境控制系统根据地理环境与牛舍布局综合考虑，通过对温度、湿度、

光照、通风、喷淋等环境因素的精准监测与控制，提高牛的舒适度。

国科蓝海近年来研发一款用于牧场环境精准控制的系统，其主要的控制点有以下几个方面。

（1）利用原有或新安装的喷淋和风扇等设施，安装带有环境参数数据采集传感器和控制系统的专用终端设备，推行科学管理，适时控制喷淋、通风、照明等。

（2）当圈舍或挤奶厅的气温达 28～30℃ 以上或温湿指数达中度应激时，系统自动开启喷淋或通风设备，一个降温循环为 5min，包括 30s 的喷水和 4.5min 的通风，直到有效地把奶牛体温降到正常范围内。

2.1.3　设备在线动态监管

设备在线动态监管是对处于运行的条件下的设备状况进行连续或定时的监测，通常是自动进行的。目前，大量的农业机械设备设施被用在养殖生产过程中，而由于牧场技术人员的认知、技能水平参差不齐，导致设备长期处于"亚健康"的运行状态中。

近年来，随着我国在线监测技术在电力、化工等行业的飞速发展，这种技术也在畜牧养殖中得到了快速应用。如北京国科诚泰农牧设备有限公司依托雄厚的技术研发力量和在 TMR（基于隧道磁阻的设备）市场庞大的客户群体，以 TMR 车为核心实现了"三网融合"，即将车内网、车际网和车载移动互联网进行融合，利用传感技术感知车辆和设备的状态信息，并借助无线通信网络与现代智能信息处理技术实现设备的智能化管理，建立"预防性维护休养计划"和"标准化作业流程"以及机械设备的远程智能化控制。基于 SaaS 平台的管控模式，将个人知识转化为企业的智力资本，使"标准化作业流程"规模化、常态化应用，促进设备持续健康为企业服务。

2.1.4　AIoT 物联网平台

众所周知，数据已成为国家基础战略性资源，是重要的生产要素和生产力。畜牧养殖生产数据的掌控，在于如何把畜牧业生产管理的各个环节中不同生产厂家提供的软、硬件系统所产生的不同类别的数据融合，实现数据真正能用、好用。从技术角度来看：一是数据互联互通的问题；二是数据融合共享的问题。解决数据互联互通问题的关键在于如何在不同物理域、不同的安全域、不同的管理域的复杂网络环境下实现数据的互联互通。要解决融合共享问题的关键在于在混合数据库技术异构数据、多源共享以及新老系统更替等复杂环境下，实现数据的融合共享。

针对以上问题，国科蓝海研发的"畜牧助手"自动集成了畜牧养殖相关智能化设施、设备、机械、装置等 AIoT 接口。整合 TMR 精准饲喂、智能称重分群、活体资产盘点 RFID 设备、视频监控图像识别、智能环境控制系统、手持识读设备、智能项圈等智能硬件，支持接口开放，打通数据互通，通过肉牛养殖云平台算法，简单配置参数便可轻松实现牧场硬件的"万物互联"，建立牧场数据闭环式的强链接，形成智能分析决策。

2.2　区块链技术

区块链技术近年来已成为联合国、国际货币基金组织等国际组织以及许多国家政府研究讨论的热点，产业界也纷纷加大投入力度。2017 年 2 月，中国人民银行推动的基于区块链的数字票据交易平台测试成功。国内区块链标准和技术不断完善，应用场景也由金融支付拓展到食品安全领域。另外，区块链政策趋于明晰化，行业政策指导文件主要有 2016 年 10 月工信部发布的《中国区块链技术和应用发展白皮书》，2016 年 12 月国务院发布的《"十三五"国家信息规划》以及 2017 年 5 月 16日工信部发布的《区块链参考框架》。

上海万向区块链股份公司在国内首次成功将区块链模组植入生物资产监管物联网设备，利用"区块链＋物联网"技术，构建肉牛育肥阶段的可信数据底座和商业闭环。这一平台将让政府对生物资产监管服务更高效、产品全程可追溯、屠宰交易更快捷、保险理赔免勘查，并联手万向信托，帮助养殖场解决"空栏率"的问题——使用多方认证、在物联网上原生的可信数据，养殖场能够快速获得金融支持，投入扩大生产。

2.3 人工智能

人工智能（artificial intelligence，AI）是研究、开发用于模拟、延伸和扩展人的智能的理论、方法、技术及应用系统的一门新的技术科学。人工智能在农业领域得到了愈加广泛的重视，并在机器人、控制系统、仿真系统中得到大量应用。在反刍动物养殖过程中，主要有幼畜饲喂机器人、机器视觉等方面的应用。

2.3.1 幼畜饲喂机器人

幼畜是养殖场的后备主力军，幼畜饲养的好坏直接关系未来生产性能的发挥，决定着养殖场未来的利润潜力，关系着产业提质增效目标的实现。但是，幼畜由于饲养不当造成的年度死淘率高的突出问题亟须解决。国外先进经验表明，幼畜自动饲喂机器人是各规模牧场幼畜的"好妈妈"，幼畜饲喂机器人可以解决幼畜饲喂定时、精确配比投料、精确控制等问题，预计节约 75% 的人工饲养成本，可至少提高 1%～5% 的成活率，能减少 30% 的治疗费用，所培养出来的健康犊牛在投产后，预计产奶量能提高 10%，必将成为养殖提质增效的核心装备。

目前瑞典利拉伐公司和德国 Urban 等公司的全自动幼畜饲喂系统技术在业内处于领先地位，有着较高的市场占有率。目前国内推广的德国进口 Urban 犊牛自动饲喂机，现已进入一些大中型奶牛、肉牛、奶山羊养殖场。德国 Urban 公司的幼畜自动饲喂机器人是唯一采用闭合回路技术的机型，市场占有率大，但价格较为昂贵。

2.3.2 称重分群机器人

牛的称重、分群是牛场的日常事务，需要针对不同的牛群情况制定相应的分群策略，为了让分群的收益最大化，必须结合全混合日粮（total mixed rations，TMR）精准饲喂系统正确配合不同牛群的日粮，将饲料转化效率最大化。监测奶牛的体重可以为日粮配方的改进提供基础数据信息，并根据增重情况为牛只分群，以便形成"整进整出"的养殖场管理机制，而完成这些工作需要大量的人工和时间的投入。

自动称重、身高测定智能分群机器人系统，利用自动化装置固化牛只数据的测量过程；借助电子耳标技术，建设牛只的数据库系统；利用数据分析算法，结合牛只历史测量数据，建立牛只生长发育模型，预测及验证牛只发育状态，对异常牛只进行重点关注，以达到对牛只的自动化、智能化管理，借助先进的数据分析等科技手段，实现对牛只的目标选育、生长发育监测，培育健康奶牛、肉牛。

公司名称	国家	产品特点
GALLAGHER	新西兰	牛、羊三分群；自动称重；管理平台功能单一；不支持网络数据传输
国科蓝海	中国	牛、羊三分群；自动称重；高级保定功能；AI 体况评分；云管理平台
惠企科技	中国	牛、羊三分群；自动称重；料肉比测定

2.3.3 机器视觉

机器视觉就是用机器代替人眼来做测量和判断，尤其是在"疯牛病""布病"等人畜共患病防控过程中，如果通过平台构建"无接触、无应激"的畜禽识别信息采集系统，从而可实现对畜禽个体、群体、全场的自动评价。

由国科蓝海自主研发的基于机器视觉的模型系统主要包括基于机器视觉的畜禽个体身份识别计算模型和体况信息计算模型，基于机器视觉的群体畜禽数量统计模型，基于机器视觉的个体行为特征的计算模型，基于精准体况、行为特征数据的畜禽生长健康状态评价体系。系统由物联网 IoT 平台、AI 智能引擎两部分组成。

物联网 IoT 平台：主要完成基于机器视觉识别的关键信息的获取，实现远距离、无接触、无应激实时信息采集，并将实时过程数据按一定的时间周期传送到 AI 智能引擎。

AI 智能引擎：内置各种智能算法模型，具有自学习、自诊断、自适应功能，不断进行升级优化，将物联网 IoT 平台传送过来的原始数据，通过内置算法模型自动快速计算提取，并将一定格式的数据，按指定周期实时准确地传送至智慧牧场监管平台。

2.4 智慧养殖平台

智慧养殖平台是专为养殖场设计的综合性系统，通过将牧场基础信息、TMR 精准饲喂、发情监测系统、精准环控系统、生鲜乳运输监管、生长性能测定系统、挤奶厅智能监测系统等各环节的数据自动采集集合，实现对牧场反刍动物的存栏、繁育、饲喂、产奶、环境等的情况全生命周期的数据整合，并加以分析形成可视化图形报表。管理者可设定筛选条件自动生成各环节图表和详细报表，并提供在线打印、导出功能。通过自动采集数据，大大减少了人为参与环节，从而大幅降低牧场人力成本、沟通成本、数据误差，从而为牧场管理者提供精准的牧场运营情况，提高牧场的管理水平和经济效益。

智慧养殖平台主要功能有基础档案管理、智能预警、牛群管理、繁殖管理、育种管理、产奶管理、饲喂与营养、疫病防控、物资管理、绩效评价、决策支持等。产品除了 Web 版之外，还包括 App 版，牧场管理者通过 App 可以不受时间、地点的限制，在全世界任何一个有网络的地方可随时远程查看、监控牧场各环节的实时情况。牧场管理系统作为生产运营管理中台，更是对牧场过去、现在、未来的经营状况提供了强有力的预测决策支撑。

主要的智慧养殖平台服务公司见下表：

国外公司	国内公司
GEA	奶业之星
阿菲金	一牧科技
利拉伐	国科蓝海
亚达·艾格威	和牧兴邦
睿保乐	新牛人
	南京丰顿
	阿牧网云

2.5 精准饲喂

精准饲喂的理念以及相关的产品都是从国外引进的，其目的是为了实现营养更均衡、奶牛更健康、产奶量更高、饲料利用率更高，在我国奶业数字化发展中起步比较晚。目前发展出四种模式：第一个是传统 TMR 精准饲喂模式，最近几年在奶牛场应用推广范围比较大，千头以上的牧场覆盖率在 80% 以上，能够在一定程度上提高饲料制备及喂料作业精度，提高日粮配方、搅拌配方和饲喂配方一致性，实现营养设计被精准执行。第二个是针对 2 个月龄以下犊牛精准饲喂，可实现无人值守，通过程序化控制，实现犊牛自动识别、定次定量、自动恒温、自动清洗，避免交叉感染，减少死淘，提高产奶量等。我国犊牛精准饲喂整体上智能化程度比较低，处于初级应用阶段，全国大约不到 100 家奶牛场有犊牛精准饲喂系统。第三个是智能化饲喂中心（中央厨房）模式，由于采用了自动化料线、精准 PLC 控制，在上料过程中减少了人为干预，使得配方在执行的过程中更加精准，特别在 2 000 头以上的牧场应用比较多，是取代传统 TMR 精准饲喂的一个发展方向。第四个是精准饲喂盒子，类似于给每头奶牛单独配置的盒饭，每个精准饲喂盒子都配置有独立的 ID 识别、称重传感器，精准记录每头牛每次采食量和体重变化情况，这种模式在种畜场和科研院校得到了广泛的应用，如北京奶牛中心。

公司名称	主要产品类型
国科诚泰	智能化饲喂中心、精准饲喂盒子
一牧科技	TMR 精准饲喂
南京慧牧	TMR 精准饲喂
南京丰顿	TMR 精准饲喂
阿牧网云	TMR 精准饲喂
国科蓝海	TMR 精准饲喂、犊牛精准饲喂
海辰博远	TMR 精准饲喂
中恒国科	TMR 精准饲喂

2.6 生物资产监管

"家有万贯，带毛的不算"生动地描绘出生物资产抵押贷款的难度，生物资产价值开发空间巨大。有效盘活生物资产，帮助农牧民破解有资产却难抵押获贷的困境，是助推畜牧产业兴旺，释放乡村经济发展新动能的必经之路。

传统的基于生物可穿戴项圈、脚环的生物资产监管方案，不仅价格昂贵，而且可信程度不高，存在着监管的真空和漏洞。国科蓝海经过长期连续地对海量样本数据分析建模，研发出"基于 AI 人工智能的生物资产监管平台"，平台通过 AI 人工智能技术，构建无接触、无应激的畜禽识别信息采集系统，实现对畜禽个体、群体、全场精准管控，满足养殖生产经营者、金融机构、保险公司、政府主管部门等产业链各主体在畜禽养殖生产全过程中，对生物资产全生命周期实时监管。

在养殖保险方面，可以辅助保险机构对投保、承保、定损、理赔、无害化处理的快速执行。平台可实现快速盘点畜禽数量，降低人工收集的成本以及谎报漏报少报的风险。远程快速、精准确认死亡畜禽数量。远程实时监控畜禽情况，发现病死畜禽及时预警。

在生物资产资本化方面，可以将养殖过程数据实时准确地进行分析，加入金融机构对畜禽生物性资产资本化融资风险模型的评估，确定贷款金额和范围，对贷款前、贷款中、贷款后进行全过程监控服务，并为金融机构提供畜禽"在哪里？是否健康？数量是否一致？价值多少？"等一系列实时数据。

2.7 产业大数据

畜牧产业大数据平台的建设，首先要解决自动化、智能化的问题，其次要解决数据自动化采集与传输问题，再次还要解决数据的互联互通问题，最后要对数据进行深度分析，以大数据提升管理决策和促进产业创新。围绕从饲草种植监管、养殖信息化管理、活体资产风控监管、疫病监管预警管理、数字活牛交易、冷链物流定位监管、全产业链溯源系统、牛业产业联盟，打造牛业产业大数据中心。

在智能化加工体系方面，主要是围绕乳品加工厂、屠宰加工厂生产管理构建的，如屠宰加工生产管理系统实现活畜收购、检疫、屠宰、分割、包装、速冻、成品库库存整个生产过程的自动化、规范化、透明化。通过条形码、二维码与无线网络技术结合进行软件管理，实现对活畜个体档案及时登记和集成管理，维护屠宰前后的肉产品档案数据库。通过屠宰加工企业生产管理系统的运用，实现屠宰加工产品数据库的建立并动态维护。通过视频设备构建面向屠宰加工环节的监控，建立面向屠宰加工厂的实时在线监控系统。

在集团化智能管控方面，将分散在各区域的生产经营主体上链云化，打造集团管控一张图。在集团管控平台上，既能对集团各养殖场进行横向分析，也能对 KPI 进行纵向钻取。如经营计划分析、历年同期对比，并可按区域，按指标类型，按月、季、年形成各类统计分析图表。通过集团管控平台的建设，能够有效提升集团公司业务战略实施的执行力。支持集团公司专业化、集约化创新管理模式，规范业务流程，提高运营效率，加强内部控制，完善管控手段，实现信息资源和知识资源的共享，从而降低运营成本，提高经济效益，促进企业综合竞争力、盈利能力、可持续发展能力全面提升。

在区域性政府监管方面，改变了传统的手工填报、逐级报送的方式，通过智慧牧场和智能加工体系化建设，有了原始的基础数据支撑，通过区域性政府监管平台的打造，实现对畜牧业生产信息、投入品信息、畜产品安全、畜产品追溯信息等实时监管掌控，实现区域内畜牧生产的数字化管理、畜产品质量安全的监管追溯、重大动物疫情及安全事件的调度指挥、畜牧业数据的公众查询和发布，切实提高行业监管质量和效率，提升社会服务水平。

在国家大力发展肉牛产业、提升畜牧业信息化水平的背景下，"吉牛云"是国内唯一一个将畜牧数据创新应用于金融、政务、农业循环、流通交易、大数据繁育体系等领域的智慧畜牧云平台。"吉牛云"以全国领先的肉牛种质资源和国内领先的牧业信息化平台为基础，基于吉林省千万头肉牛工程的伟大构想，立足于产业思维，打造一个肉牛全生命周期综合服务云平台。搭建繁育改良、普惠金融、健康防疫、购销交易四位一体的服务体系，以全链条科技服务赋能肉牛产业，以硬核种业芯片和数字引擎助力吉林省千万头肉牛工程，促进吉林省肉牛产业数字化转型升级。

3 问题反思与趋势展望

我国反刍动物智能养殖领域存在的问题：目前国产智能化技术创新扩散受限，导致关键技术重度依赖进口产品，制约着我国农牧业物联网技术与设备的发展；在整个信息技术产业飞速发展过程中，智能设备无处不在，却各自独立，无法互通互联，形成一个个信息孤岛。

3.1 问题反思

3.1.1 关键技术重度依赖进口产品

（1）在反刍动物智能化技术研究和产品研发方面，采用较多的技术有自动识别技术、自动发情监测技术、精准饲喂、自动称重装置、产奶量自动记录、乳成分检测、自动化控制、人工智能等。目前国内的牧场所用的硬件产品仍然是以国外进口为主，尤其是挤奶机设备、幼畜饲喂机器人等进口设备占据了国内 95% 以上的市场份额，这些产品不但价格昂贵，而且在数据互联互通方面也存在着天然的弊端。而在软件管理系统方面，国外的产品明显"水土不服"，国产软件管理系统占据了非常大的市场空间。

（2）随着 5G 技术和区块链技术的应用发展，对于畜牧业专用传感器、芯片、处理器、电池等相关元器件的要求越来越高，尤其是在线检验检测传感器、低功耗芯片基本上全部依赖于进口，国产化的道路非常漫长，从而也带来了核心技术"卡脖子"的隐忧。

3.1.2 信息孤岛

随着反刍动物智能化的不断深入发展，产业链中各主体内部、各主体之间，会逐渐形成一个个"数据孤岛"。如何有效地整合相关环节的数据，将各个单元产生的数据汇聚为有效的"数据资产"，如何完成数据实时互联互通，确保数据的安全可靠，实现数据共创共享，是正在进行或已经完成数字化转型的产业链主体亟待解决的问题。

3.1.3 智能化技术创新扩散受限

智能化技术创新扩散是一种农业新技术、新发明和新成果等从创新源头开始向四周传播，并被广大农户、农民或者涉农企业所接受、选择和使用的过程。在技术的扩散中，起主要作用的包括政府、协会组织、起发挥作用的市场和产业链从业主体。因此，技术创新的传播受到内在和外在环境的限制，且因为各个影响因素的作用机制不同，传播最终形成的效果也不同。

3.2 趋势展望

我国反刍动物智能养殖领域发展趋势：综合运用大数据技术、物联网技术、智能监控技术、云计算技术、RFID 技术、移动互联与人工智能技术，建立畜牧业数字综合管理生态平台、产业大数据中心、数字资产管理运营中心，提供产业供应链金融平台。

3.2.1 畜牧业数字综合管理生态平台

构建畜牧业综合管理生态平台，实现信息自动或半自动获取，关系型数据库管理，空间与属性信息复合查询和分析，多源、多尺度集成信息共享，公众信息发布网。

该平台基于云计算和大数据等新兴技术建设，通过该平台将服务和养殖场生产管理系统中繁殖、营养、育种、健康、DHI、培训、设备、牧场建设、在线交易和金融服务等进行整合。全国养殖企业关键生产数据、指标和视频监控数据信息将会通过大屏幕显示，将建成行业数据分析与决策平台，将有助于政府更好地发挥服务和监管职能。

3.2.2 产业大数据中心

对草场和牧场包括饲草料、奶牛、牛奶、兽药、疫苗、冻精、设备、第三方检测数据在内的生物资产、固定资产、库存资产、应收账款等资产数据以及经营数据、生产数据进行集中统一规范实时动态管理，并和乳品加工企业生产经营管理数据有效链接，形成产业大数据中心。在大数据中心的基础上，将产业链内所有数据上传到区块链平台，利用区块链技术具有的"不可伪造""全程留痕""可以追溯""公开透明""集体维护"等特征，实现数据采集设备可信、数据采集环境可信、数据本身真实可信。通过数据上链，打破信息孤岛，解决产业各个经营主体信息不对称、不透明问题。形成安全可靠、公开透明、产业链条上的各个经营主体都可参与的可信链，共享合作平台效应。

3.2.3 数字资产管理运营中心

在产业大数据中心可信基础上，通过云计算和区块链智能合约等技术，建立产业生产模型、牧场管理模型、牛群质量动态管理模型、牧场环境监测管理模型、奶业的预测预警模型，政府的政策、决策模型，牧场的财务管理及市场监管模型，形成一系列数字资产，实现了从产业数字化到数字产业化的转化，为奶产业供应链金融服务、数字产业的运营管理、产业溯源体系建立、企业经营管理、政府决策监管等提供可信的数据基础。

3.2.4 产业供应链金融平台

在产业数字化和数字可信化基础上，改变传统贷款模式，引入银行等金融机构作为资金方，同时引入保险、资产处置机构，建设产业供应链金融平台，使产业链上的各个经营主体通过金融平台发起贷款需求，平台向资金方发起需求，资金方获取各个经营主体的经营及相关数据计算信用额度，并把授信额度和资金成本通过运营平台反馈给各个经营主体，各个经营主体即可申请授信额度范围之内的贷款。由此所建立的供应链金融平台可以为产业带来充裕的资金，为产业链上各个经营主体提供资金保障。

4 政策建议

经过多年的政策布局和项目实施，我国反刍动物的智能化水平呈现了良好的发展势头，但基本上处于智慧畜牧业发展的初级阶段，需要在顶层规划设计、制度机制设计、关键技术研发、基础设施建设、信息系统应用推广等方面进行完善。

4.1 加强顶层规划设计

各级政府以及相关协会组织，应立足区域产业发展特点，加强对智慧畜牧业工作的宏观指导和积极推动，促进智慧畜牧业的相关政策落地实施，鼓励发展适合本地实际的智慧畜牧业模式。如河北省农业农村厅连续三年每年拿出专项资金，用于全省"智能奶牛场建设"项目补贴，完成了全省规模奶牛场的智能化升级改造，建设内容主要包括：牧场端的 TMR 精准饲喂、奶牛发情监测、智能挤奶厅监管、精准环境控制和奶牛养殖生产管理系统。并建设完成了"河北省奶业养殖云平台"，实现省、市、县三级主管部门数据流通与共享。同时，河北省作为"全国奶业信息服务云平台"在全国首个试点省份，实现了省级平台与全国平台的数据互联互通，为全省乃至全国奶业振兴起到了很好的示范和推广作用。

4.2 优化项目支持方向

智慧畜牧业发展建设周期较长，需要投入资金量比较大。政府部门必须加大对智慧畜牧业的资金支持和投入，不断提高智慧畜牧业资金支出比例，对智慧畜牧业技术产品和应用主体给予政策性资金补贴。鼓励商业银行以及农村金融机构向智慧畜牧业基础设施建设提供融资贷款服务，大力支持市场主体发展智慧畜牧业，升级传统的畜牧业生产方式，鼓励有实力的企业和村级集体经济组织参与到智慧畜牧业体系建设中来。

4.3 破解产业发展瓶颈

智慧畜牧的前提是自动化和信息化，在继续优化养殖数据采集和信息处理能力的同时，面对智慧畜牧业发展中遇到的各种问题，需要进一步加大新型高端智能装备研发力度，加强集成创新养殖场智能感知控制系统、畜禽健康监测系统、养殖机器人、畜产品收割加工机器人、自动化粪污处理系统等高端智能装备产品，推动智慧畜牧实现跨越式发展。

4.4 全面推进智慧畜牧升级发展

基于自主芯片、人工智能、物联网、云计算、大数据和移动互联网等关键技术，在已有数据分析模型基础上，研究建立疾病预警、科学饲喂与产量预测等大数据分析模型，打造"基础设施＋终端连接＋数据分析＋应用服务"的综合产业大数据平台。打通养殖管理、精准饲喂、疫情预测诊断、生物资产管理、谱系管理、产品溯源全产业链信息流，推动多源数据有效融合利用，助力畜牧产业升级发展。

生物资产监管的终极利器

北京国科蓝海科技有限公司

引入物联网技术是生物资产监管最直接有效的途径，通过 RFID、传感、导航、定位等技术方式，控制养殖、生产、交易过程，提高监管的真实性、保障性，同时可通过物联网平台，打通牧场、政府、金融、资源渠道，与现在信息系统高度融合，形成信息监管，实现资产从养殖到运营，以及销售服务全过程的生态协同。

1 生物识别（定位）监控项圈

1.1 定义

生物智能可穿戴无线终端，基于物联网技术，集成高精度、低功耗定位模组，采集生物位置信息，通过 4G/NB 通信网络传输至云端服务器。设备接入定位系统，实现 ID 编号识别、基础信息查询、定位追踪、历史轨迹、电子围栏、拆卸报警等功能。

1.2 用途

可用于生物识别、追踪、溯源及资产数字化监测管理。

1.3 分类

（1）生物识别（定位）项圈。
（2）生物识别（定位＋体征）项圈。

2 生物行为 （体征） 监测项圈

2.1 定义

生物智能可穿戴无线终端是基于物联网技术集成的高精度高灵敏度传感器，采集的生物体征数据通过 4G/NB/射频通信网络传输至云端服务器。设备接入体征监测系统，实现 ID 编号识别、基础信息查询、活动量分析、体征监测、异常告警、拆卸报警等功能。

2.2 用途

可用于生物识别、体征监测及资产数字化监测管理。

2.3 分类

（1）生物行为（体征）4G 监测项圈。

（2）生物行为（体征）NB 监测项圈。

（3）生物行为（体征）射频监测项圈。

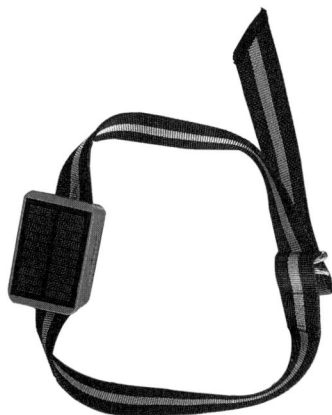

3 系统组成

通过访问项圈可以实时采集生物识别数据，以帮助工作人员远程监控畜群，让牧场、监管部门能够随时链接牧场中的每一头生物，以物联网为核心推进生物产业转型和布局、精细化养殖。实现定制化的可视化管理和远程操作，为每一头生物建立数字化档案，对生物进行全生命周期精细化管理，全链路溯源，科学分析。建立现代化、标准化、智慧化农场。以平台形式整合物流、金融、大数据等，搭建智慧养殖联盟，与地方政府、产业上下游、最终客户等共同合作，构建开放、共生、共赢的合作平台，实现产业整合和资源有效对接，同时通过对全行业作业的大数据分析，为各方提供有效的数据支持。

由于生物资产的特殊性，监管的工作任务包括以下几个方面：开展远程监管，为生物资产佩戴项圈，对生物资产做身份标记，具备防拆功能，可实现定位跟踪实时画面及数据反馈结果；利用积累的数据进行监测分析及线上管理；通过物联网平台对生物资产的生存状态进行监控；按照监控机构要求，对养殖场内全部生物资产进行监控，同时监控生物资产出入场；提前预警其他可能影响，监管行为和效果的一切不良情形或征兆。

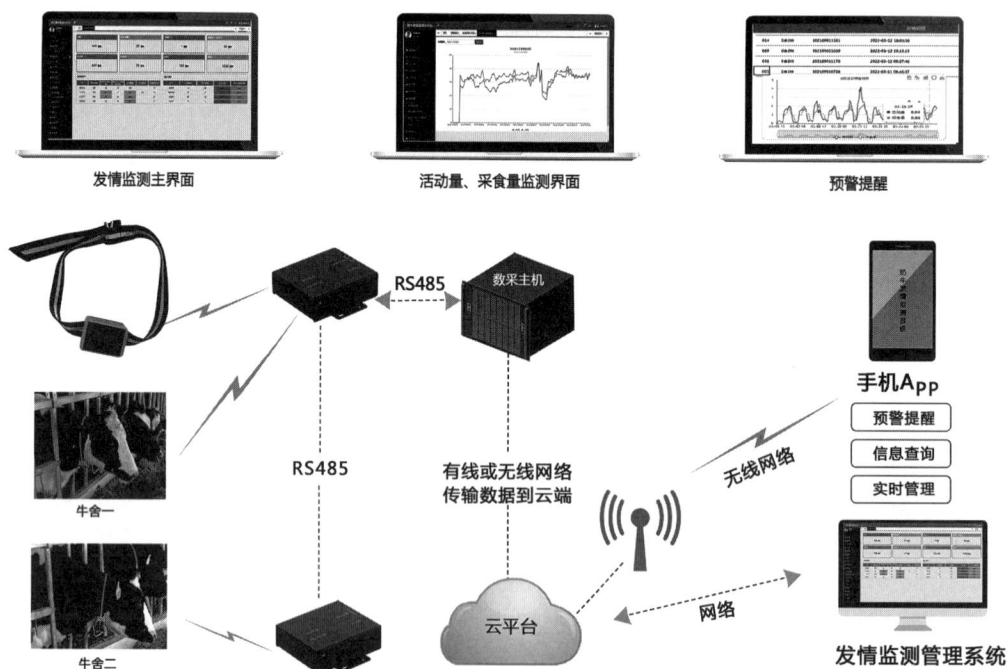

| 发情监测主界面 | 活动量、采食量监测界面 | 预警提醒 |

4 发展前景

从技术视角出发，未来的畜牧业智慧体系中，最大的趋势和难点在于生物资产监管，主要体现在资产监控难、客户数据获取难、养殖技术落后、管理能力不足、应对市场风险能力低等方面。要解决这些难题，首先要时刻监测生物的成活状态，其次要建立生物档案，然后通过物联网技术对接监管平台，使牧场提升监管能力，降低成本，应对市场风险，这一切的最基础实施者就是生物监测项圈。

对个体进行识别，并记录基础信息及谱系信息，实时上传监测数据。采集生物出生的品种、重量、健康状况等，养殖过程中的药品、疫苗、饲料、保健、驱虫、转栏等，屠宰过程中的重量、膘厚等数据，以及冷链运输、分割销售等数据，并将数据直接写入，数据禁止篡改，消费者可查询到真实的数据，保障食品安全。

嘉吉动物营养全链条数字化方案

嘉吉投资（中国）有限公司

嘉吉动物营养全链条数字化方案主要由两部分成熟的数据化服务组成。

1 农场管理数据化 Agriness S4

Agriness S4 主要是利用牧场管理工具把牧场原本的生产数据整合在同一平台，从而获得可靠数据，整合分析数据之后，对牧场盈利的各项指标进行追踪，同时这些数据也可以作为改善生产成绩的依据。

整个数据化的改变过程：从无数据观念优于手工记录，凭感觉进行决策优于有明确的表单协助记录，数据庞大且无法有效快速进行分析判断优于 Excel 表格，逐步建立可以图示化的比较，但是数据源分散，整理需要花时间优于农场管理工具，整合的平台能够快速对大数据进行分析，协助快速进行决策，明确的数据对比，提供改善后的效益。

2 数据化营养配方软件

嘉吉为牧场提供了包括 MAX（猪）、OptiLac（奶牛）、TeckBro（肉鸡）、TechLayer（蛋鸡）等配方软件，客户可利用软件进行日粮设计与配方管理。

以 MAX（猪）来说明，透过提供原料的营养供给与了解动物生长模式的营养需求，来选择客户设计日粮。OptiLac/TechBro/TechLayer 都是类似 MAX 的工具，只是针对不同畜种的应用工具。这些工具会根据客户的权限提供功能。包含：

（1）原料 Matrix 管理，包含原料检测与营养成分快速计算。

（2）原料价格管理，原料价格会影响日粮的成本，对牧场端饲养成本进行评估计算。

（3）生长表现的测算评估，评估不同营养策略对牧场盈利的影响。

（4）结合 EAS 的检测，评估农场环境状况对生长表现的影响。

3 应用效果

通过嘉吉的农场管理数据化服务和数据化营养软件，整合农场原料与日粮管理，加上动物生长模式的应用，可以进行精准与智能营养的整体解决方案，协助客户增效降本。

4 发展前景

通过嘉吉的农场管理数据化服务和数据化营养软件，嘉吉实现对多畜种从饲料到农场的数据化服务，全面提高饲料、农场以及农户的现代化水平以及盈利情况。

安欣牧业数字羊场综合管理平台

安徽安欣（涡阳）牧业发展有限公司

1 项目背景

安徽安欣（涡阳）牧业发展有限公司是鹏都农牧股份有限公司在安徽投资建设羊全产业链项目注册成立的全资子公司。安欣牧业大力推行集约式、工厂化的饲养，推广应用先进实用的新技术，健全良种繁育及杂交利用体系，建立高产栽培饲草料的生产-加工-供应新体系，改善饲养管理条件，提高劳动生产率，发展龙头企业，建立产、加、销、牧、工、贸体系。并建立和组织协调的完善服务体系，达到工厂化高效生产与产业化服务的平衡协调。安欣牧业通过现代牧羊方式的改变，已经初具规模，在"天羊"向"工厂化"转变过程中沉淀了丰富的经验。在信息高速发展的今天，如何实现数字化的再次升级，是需要思考的下一个问题。

2 安欣牧业数字羊场综合管理平台建设目标

（1）打破数据孤岛建立企业全链管理。
（2）一个数据中心做同步将企业分散在各处的数据进行整合。
（3）运用数据管理思维，提升数据化管理思维深度深入内部管理。
（4）建立 PC＋App 的管理工具，将全维度业务建立一体化分析体系。

3 项目建设着眼点

利用大数据积累将安欣牧业的方式建立标准化、流程化、系统化的羊业养殖示范平台——数字羊业。

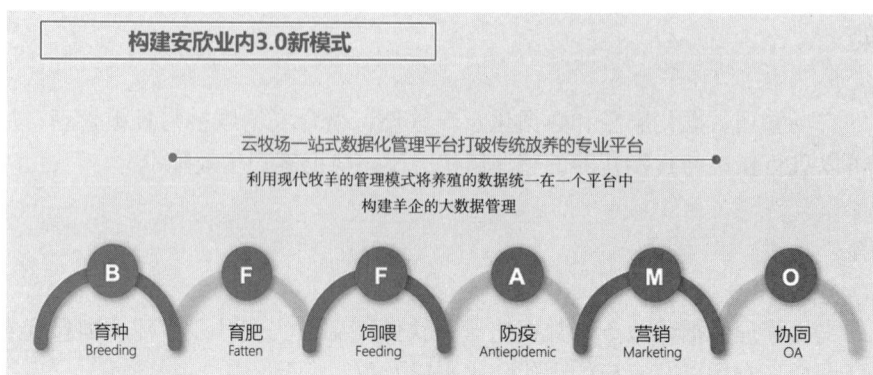

基础数据中心 ①	环境数据 ④
人员数据、场地数据、物料数据	羊场监测数据：温度、湿度、通风、光照、氨气值等羊舍数据
养殖技术数据 ②	运营管理数据 ⑤
育种羊数据、系谱档案、繁育数据、配方数据、质量管理数据	针对出栏情况做销售管理、溯源数据管理、饲料实验室数据管理、兽医实验室数据管理
养殖工作包 ③	协同管理 ⑥
育种流程、育肥流程、育成流程、饲喂流程、防疫流程	人事行政、财务管理、销售数据、工程设备管理

育种管理	育成育肥	饲喂管理	防疫管理	营销管理	协同OA
种公羊数据	耳标管理	羊种管理	疫情预警	存栏管理	人事管理
空怀母羊数据	定栏管理	成长阶段	疫苗管理	预售管理	审批管理
繁育数据	批量转栏	饲料配方	疫苗记录	销售数据	采购管理
（本交和人工）	养护管理	原材料营养	疫苗预警	分割数据	仓库管理
系谱数据	精养管理	配方优化	诊断记录	订单数据	成本分摊
淘汰预警	成长数据	饲料巡检	消毒管理	物流数据	财务管理
流产率	出栏预警	投喂计划	死亡数据	统计报表	维修管理
产羔率	淘汰数据	加工管理	保险赔付		档案管理
死亡率	动态数据	成本核算	专家诊断		质检管理
转栏管理					

全流程业务运营管理体系，打造选种、育种、集约量产、成本可控的数据平台

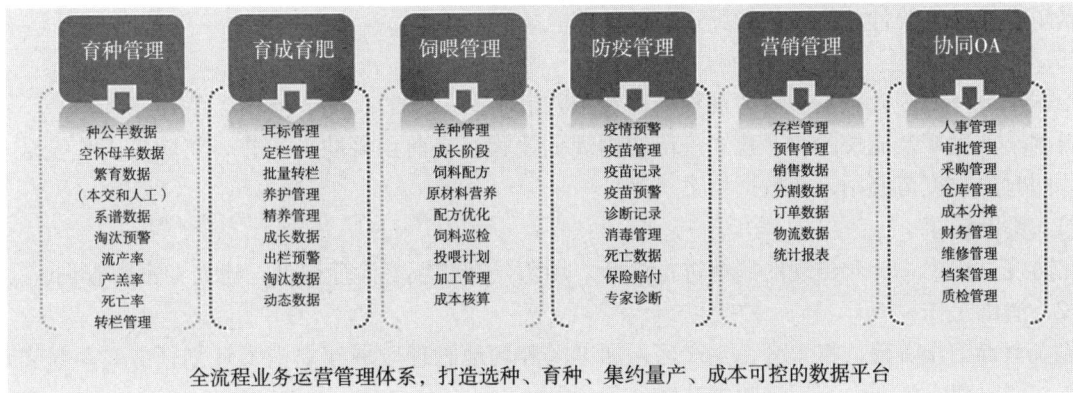

4 系统功能模块

4.1 系统功能概述

通过安欣牧业的业务特征，定制独有的育种、育成/育肥生产管理、饲喂、防疫、营销、内部协同六大数据一站式管理系统，将现代化养殖技术＋物联网技术结合开发一套大数据管理系统。

4.2 功能介绍

4.2.1 组织架构

根据安欣公司架构体系，将各生产厂、子公司、各部门统一纳入系统管理，建立匹配的组织架构及人员结构。

4.2.2 权限分配

依据不同的厂、子公司、部门进行人员查看、操作权限的分配，实现分级、分部门管理。

4.2.3 育种流程

根据种公羊基础数据与等级数据进行配种计划，查清空怀母羊数据并进行配种计划，然后，观察B超数据后进入繁育流程，未能怀孕的羊继续进行育种流程。

4.2.4 繁育流程

根据B超数据对怀孕母羊建立数据档案，同步种公羊匹配受孕数据，根据孕期来增加精养饲料的投放及养护工作，同时建立围产档案。

4.2.5 分娩

根据围产档案预警，建立清洁羊舍任务，准备分娩物料。根据产羔数量，建立母羊产仔数据、新生羊羔数据、羊羔养护任务。

4.2.6 哺育期

建立哺育期饲料投放计划，根据哺育羊特征，选定饲料配方及周期；建立转栏预警计划，按期限或成长数据进行转栏提示。

4.2.7 育肥期

根据转栏后成长阶段，对饲料配方的数据进行匹配投喂计划，通过不定期称重来反馈育肥结果。根据动态数据来预警出栏计划。

4.2.8 数据提取特征

通过对种公羊等级，空怀母羊等级，孕检胎数，产羔数，产羔体重，公母系谱，成长动态数据，怀孕、产羔、死亡等数据进行采集，建立整套统计分析体系。

4.2.9 后裔测定

通过数据特征提取，建立动态成长记录，从而判断生长速度、体重变化周期及排行优胜。将公母羊繁殖性能进行统计分析，从而筛选新的种羊。

4.2.10 防疫工作

根据季节环境因素，发布疫情观察结果及预防措施。

根据羊羔生产及成长阶段，建立疫苗使用规范流程，提前预警防疫工作，将防疫工作变成自动提醒。同时建立疫苗使用记录数据档案。

4.2.11 诊断记录

在防疫过程中，针对出现的病情进行诊断、用药，在线填写治疗记录，建立专家库查询。

4.2.12 消毒工作

建立消毒工作流程，将羊舍、生产区、加工区等场地管理区域建立消毒计划任务，系统自动提醒工作，同时建立消毒内容反馈数据档案。

4.2.13 饲料配方

根据羊种特征建立成长阶段的不同饲料配方，从产羔到育肥出栏，建立周期性投喂计划，得出根据存栏量进行饲料加工的换算数据。

4.2.14 饲料加工

根据投喂计划的数据换算，自动生成每日需要投放的饲料种类及加工量，以及所需羊舍。饲料加工时根据数据转换再进行相应的增减，从而根据数据结果进行加工。

4.2.15 饲料投喂

根据系统统计的数据，以及对应饲料加工数据，进行羊舍饲料的投放及反馈。

4.2.16 原材料库

建立原材料库营养成分数据，根据营养成分来配比饲料配方，同时根据饲喂过程来优化饲料配方。

4.2.17 饲料抽检

在饲料加工或投喂过程中，对饲料进行抽检化验，从而保证加工结果符合配方数据。

4.2.18 育成期

根据公羊母羊的生理特性不一致，育成期应设计不同的饲料配方。创建系统时设置为两个分类配方。

4.2.19 动态成长数据

建立每个阶段的成长动态数据，各类数据的定向采集形成总栏表，管理部门针对存栏总体特征进行查询、总览。

4.2.20 兽医实验室数据

针对病情的化验检测，建立抗体检测、化验检测等数据的汇总分析。针对生产过程中的新发病数、治愈数、死亡率等特征进行统计分析、监督。

4.2.21 饲料实验室

饲料配方的营养数据分析、优化。根据投喂情况和体重特征来改善饲料配方，对增重预期做调整。

4.2.22 淘汰数据

根据筛选条件，建立种公母羊淘汰数据，提示预警。建立生长期淘汰羊数据筛选条件码，提示预警。

4.2.23 精养管理

根据配种环节、哺乳环节、生长环节补饲的需要，建立精养计划，匹配投喂计划，调整营养补充。

4.2.24 人事行政管理

建立人事行政审批流程，按现有业务特征，设置行政、人事、财务、销售等内部审批流程。

4.2.25 财务管理

建立采购管理流程，按业务、生产需求使用系统在线申请、审核、完成采购管理。建立成本核算流程，将生产过程中原材料成本进行统计分析，并且分摊到单羊成本。建立销售核算流程，将月、季、年度羊品销售数据进行统计分析。

4.2.26 设备维护管理

建立设备管理档案，按使用情况进行定期提示维护工作。按申请进行维修工作安排，及时反馈维修结果内容，做好监督执行。

5 经营效益价值

5.1 生物资产管理的价值

数据化资产是追溯奠定生物识别的基础，通过纸质数据建立系统个体数据，自动生成普通耳标或配打电子耳标号，完成对生物资产的数据化管理。使实体羊只个体数据与电子档案数据对应。

建立编码体系，内部制标标准化。通过编码规则的制定，建立完善的编码体系，解决线下耳标重号、混乱的问题，同时建立制标流程，将业务流程标准化，降低耳标错误。

流程化管控耳标信息唯一化。耳标作为系统唯一的识别号，特别在种羊群，在建立系谱、家系档案时，在日常掉标、无标的过程中，建立流程化管控补标、换标事务，为系统业务的标准化操作，建立数据基础来源。

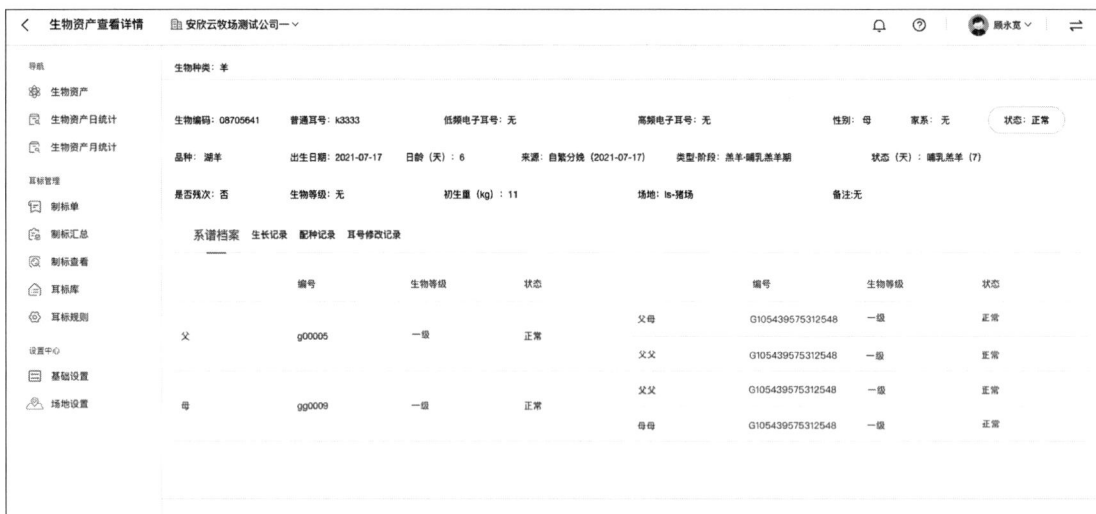

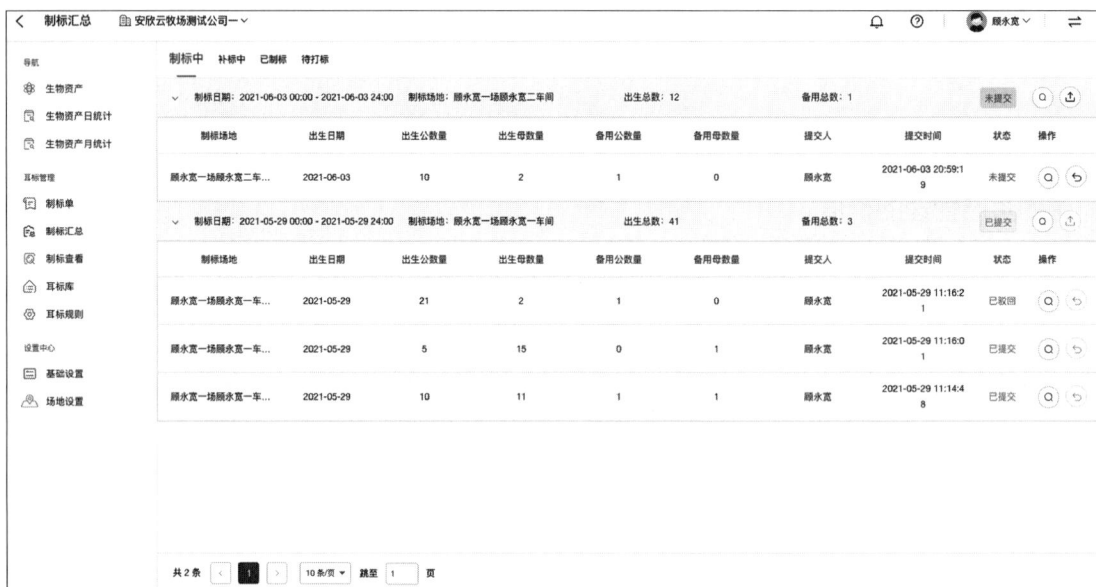

耳标库管理普通耳标、超高频电子耳标、低频电子耳标，耳标库具备多种耳标的使用，普通耳标号与制标单结合，自动生成定义的耳标号。临时耳标用于过渡时期的耳标规范管理，电子耳标号根据不同羊群使用超高频或低频耳标。

5.2 应用全链业务管理，提升羊企管理手段，建立现代化管理数字看板

通过生物资产安全管控防疫、企业内部业务流转、选育过程管控、精准饲喂自动化，打造业务在线、管理在线、数据在线的生态系统，继而可以在可视化大屏进行展示，提升商业价值，辅助决策管理。

（1）根据场地、羊只类型进行批量免疫设置，主动提醒防疫任务；根据日常发病、诊疗记录构建防疫大数据分析；根据批量化免疫与诊疗构建生物安全追溯体系。

（2）企业内部数据同步管理：采购在线、仓库在线、审批在线、标准化流程打通数据孤岛。各部门协同全业务链条，产、供、销、存全流程管控。

（3）选种繁育全过程管理，种羊家系档案管理、种公羊、母羊个体化信息管理。繁育过程全链信息化同步，包括配种（人工授精/本交）、孕检、妊娠、分娩、断奶，性能测定指标，选育、留种建立良种优配繁殖体系。

（4）精准饲喂自动化管理，根据场地、羊群结构进行饲料配方设置，自动统计每日投喂量，饲喂量直达加工厂，管控生产过程，配送至场地进行投喂，系统记录出入库量。

5.3　商业管理大屏/数据报表呈现

（1）结构动态表。每日当天管理场地所有羊群类型羊只数量盘点报表。

羊只各类型存栏数量占比
2021-03-04

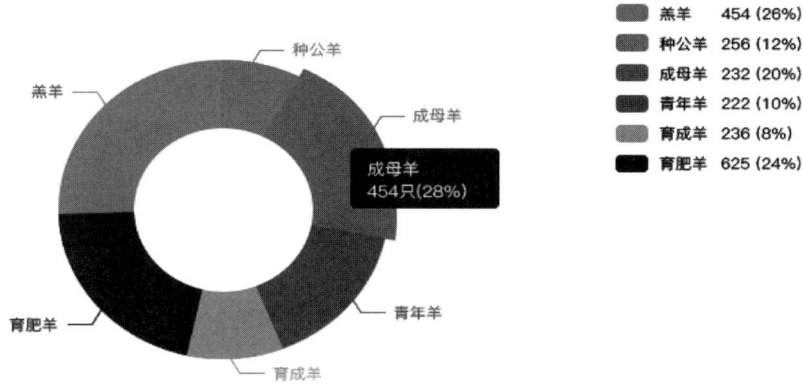

羔羊	454	(26%)
种公羊	256	(12%)
成母羊	232	(20%)
青年羊	222	(10%)
育成羊	236	(8%)
育肥羊	625	(24%)

成母羊
454只(28%)

一场羊群结构分布日报表
2021-03-04

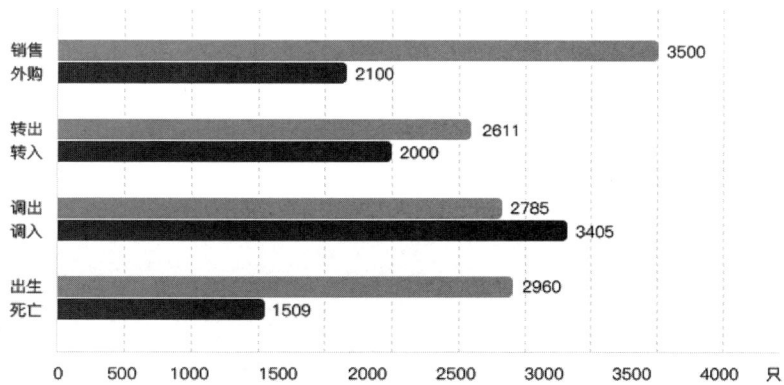

（2）产羔日报表。每日当天对所管理场地的羔羊存栏量、母羊产羔率、羔羊成活率进行分析，生成可查询日、周、月的报表。

一场累计成活率
2021-09-09至2021-09-15

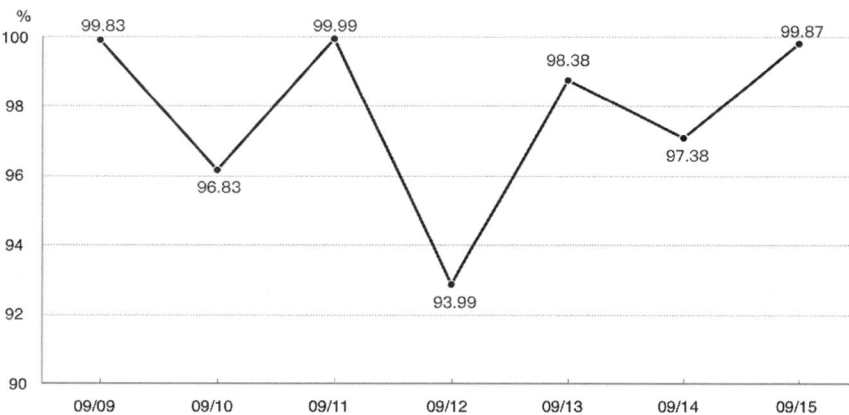

（3）羊群动态表。所属场地种羊存栏量统计，种羊配种数据分析；配种比、受孕率。

羊只受孕率
2020-01至2020-06

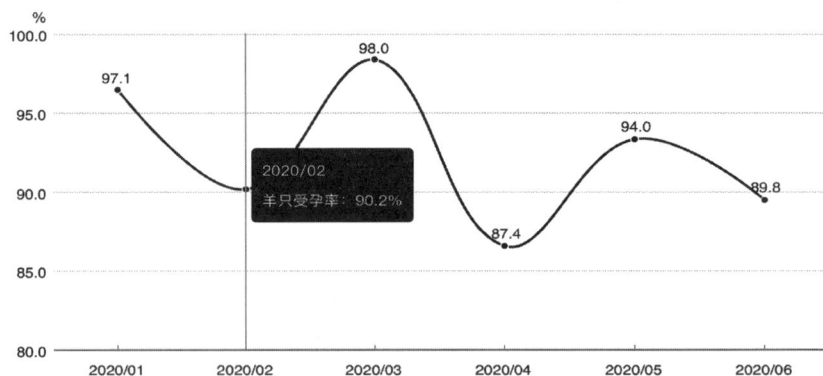

羊只配种数
2020-01

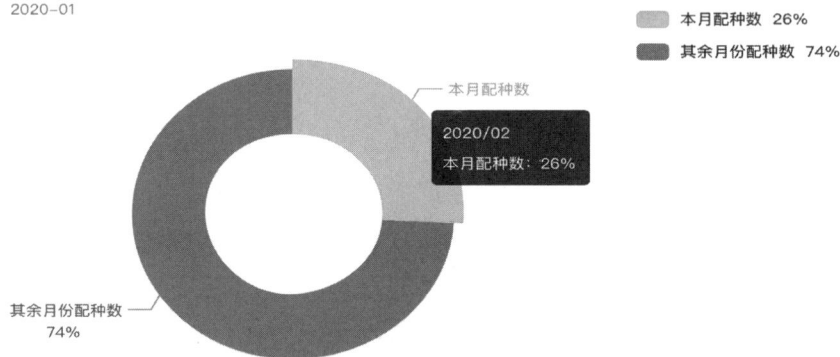

本月配种数 26%
其余月份配种数 74%

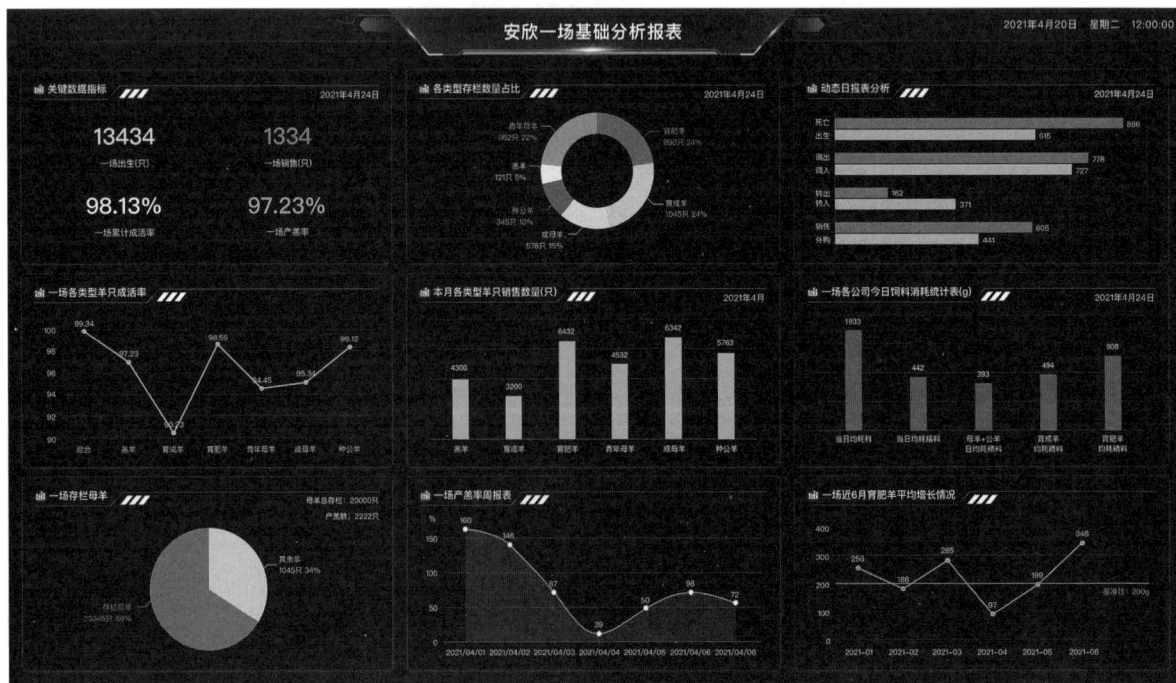

共建、共创、共融——助力中国羊产业集约化、规模化、数智化进程。

推动规模化羊企发展，满足消费需求提升；利用现代养殖技术的快速迭代，提升工业产能，优

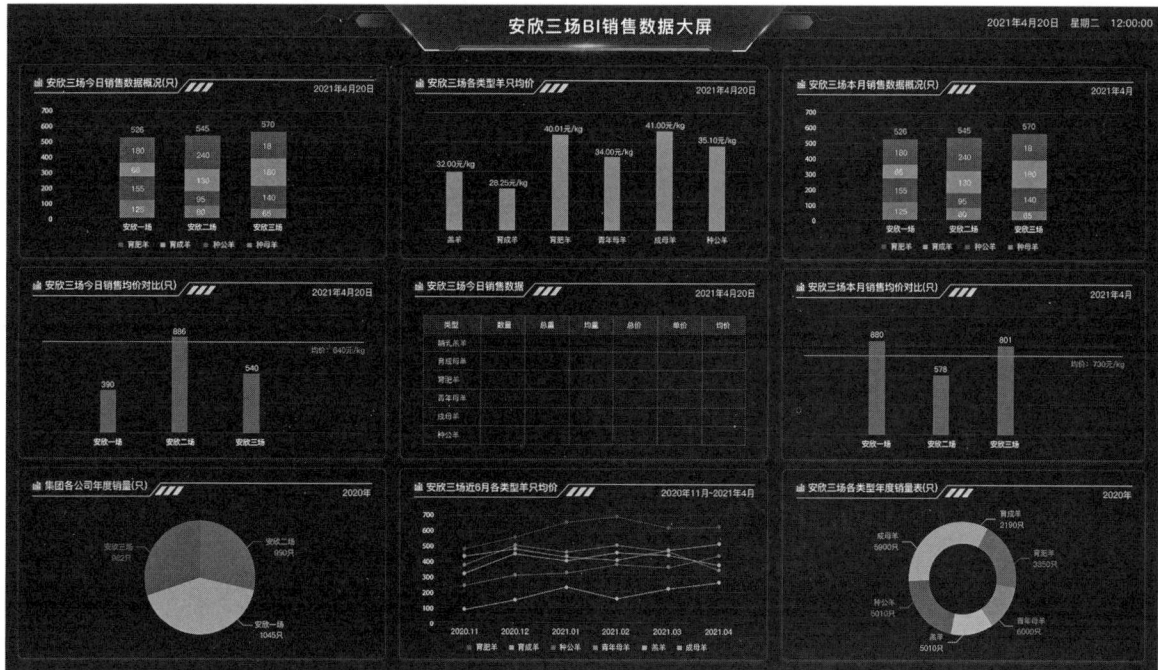

安欣三场BI销售数据大屏

化生产物资管理，饲料配方管理，原料进销存数据，销售追溯数据；建立软、硬件应用场景的示范园区，促进行业发展水平。

一牧智慧牧场

一牧科技（北京）有限公司

1 核心技术

一牧智慧牧场以牧场生产管理系统为基础，具备奶业数据的采集、更新、存储管理、查询和分析功能，实现牧场的牛只个体管理、繁育管理、精准饲喂管理、健康管理和产奶管理，并将各方面数据进行汇集，结合数据智能分析与决策系统和大数据可视化系统，全面实现牧场数字化、智慧化管理。

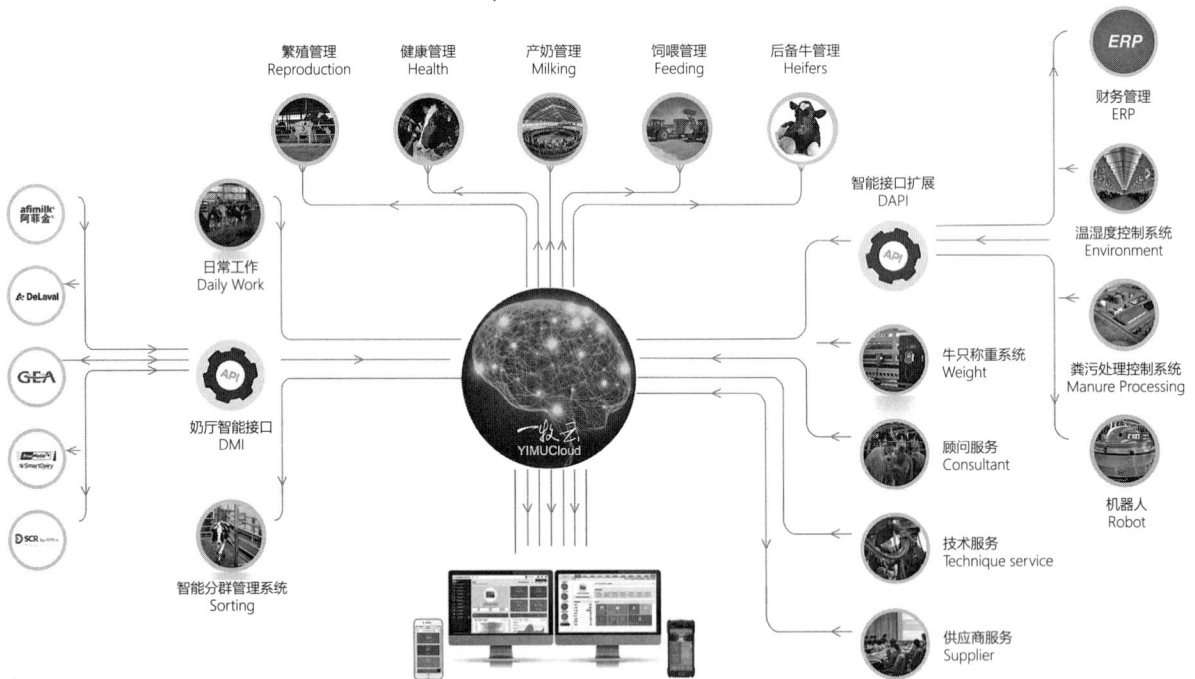

核心技术为科学的生产管理评估体系，包括牛群结构评价体系、繁殖管理评价体系、精准饲喂管理评价体系、牛群健康管理评价体系、产奶数据管理评价体系。具体模型包括 21d 怀孕率分析模型，可全面客观及时地评估牧场繁殖管理水平。牛群结构预测及产奶量预测模型，可预测未来最多36 个月的牛群结构及产奶量、牛群产量校正系数评估及胎次校正奶量计算。关键指标评价体系，基于生产逻辑，自动分析超过 100 项，每月计算及每年计算与生产管理相关的生产指标，并提供指标参考标准，便于管理者了解指标表现水平。一牧科技凭借长期的科研积累在智慧牧场领域构建起技术、数据和运营落地壁垒，自主拥有 14 项技术专利，共登记了 19 个软件著作权，成为在智慧牧场建设和升级的标杆企业。

一牧智慧牧场解决方案框架图

2 应用效果

基于云计算、互联网、物联网、大数据和人工智能等新兴技术构建一牧云智慧牧场综合服务平台，自2016年8月正式上线运行，至2021年9月，已服务国内22个省市的45个养殖集团、357个牧场，实时管理牛头数91.97万头。

通过对在线牧场过去一年的生产数据进行统计分析，该解决方案已经帮助牧场提升生产人员工作效率2~3倍，饲料成本平均降低9.3%，繁殖效率（21d怀孕率）平均提升3%，每头牛年总产奶量平均提升937kg，推广至全行业每年可创造价值超过百亿元。

"一牧云智慧牧场"获得济南先行区·京东创新创业大赛总决赛一等奖，"华为云"人工智能应用大赛二等奖。

+3倍	−9.3%	+3%	+937kg
一线工作效率提升	饲料成本降低	繁殖效率提升(21d怀孕率)	年平均产奶量（每头）

"一牧云"联合奶牛产业技术体系北京市创新团队和《中国乳业》杂志社每年出版发布一版《中国规模化奶牛场关键生产性能现状》，建立我国奶牛生产行业首个关键生产性能评估标准和对标依据。

3 发展前景

奶业作为草地农业4个生产层之动物生产层和后生物生产层的重要组成部分，同时衔接植物生产层和前植物生产层，主要由原奶生产即奶牛等家畜养殖、乳品加工和乳品销售组成，是健康中国、强壮民族不可或缺的产业，是食品安全的代表性产业，是农业现代化的标志性产业和一二三产业协调发展的战略性产业。随着我国奶牛场规模化和集约化程度越来越高，奶业信息化建设的需求和重要性越来越高。相比其他家畜，奶牛由于其自身的生物学特性，不同胎次持续产奶，牛只价值高，属于典型的高投入、高产出家畜，因此牧场愿意不断加大信息化投入，包括牛只行为和体征数字化、繁育流程数字化、健康管理流程数字化、精准饲喂流程数字化、产奶流程数字化、牛舍环境数字化、牧场环境数字化等。围绕奶牛的生产，诸如育种、营养、动保、牛只智能穿戴设备、智能 TMR 设备、智能环控设备等也源源不断产生大量的数据，同时与乳品加工企业生产加工、销售信息系统对接，再到终端消费者数字化，逐步形成全产业链数字化，并与上游饲草种植和饲草供应进行衔接。应用大数据技术对这些数据进行存储、分析和应用，对于促进奶业发展、推进农业结构转型优化具有重要价值和意义。

天下牧业智慧湖羊解决方案

天下牧业（湖州）有限公司

1 方案目标

规范湖羊养殖标准，提升湖羊养殖效率，加强湖羊食品安全，精准对接市场需求。天下牧业湖羊育种、育肥、加工、营销全产业链智慧化分三个阶段：信息化、数字化、智能化，最终实现智慧湖羊。

2 架构

通过物联网收集湖羊养殖端数据，传输至棚舍终端设备，实现对湖羊养殖棚舍内环境的控制，同时经网络传输至云端，在云端实现数据收集、上链存储，分析实现对湖羊养殖过程的优化，对业务的支持，然后结合运输、加工、销售数据，实现湖羊食品安全可追溯。

2.1 业务架构

湖羊养殖的业务流程分为两个模块：一个是种羊的养殖（称为育种），其养殖周期较长，一般为5~6年；另外一个是肉羊的养殖（称为育肥），其养殖周期较短，一般为8个月。

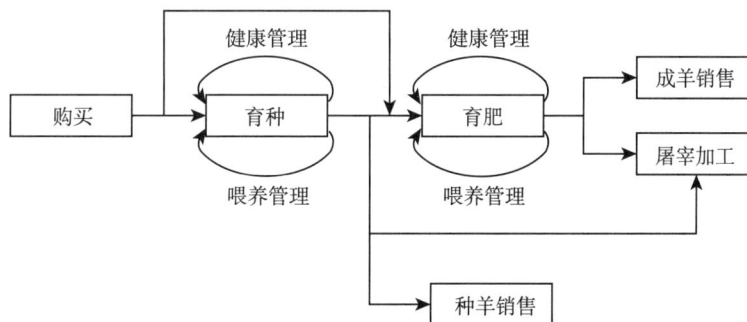

2.2 技术架构

湖羊养殖、加工、营销全程智慧化采用端-边-云一体化计算的技术架构，养殖终端通过物联网技术采集信息，边和云端协同提高计算效率，采用区块链技术保障数据安全，云端提供 SaaS 服务。

2.2.1 羊舍内外物联网终端

在羊群养殖棚舍内、外部安装的设备，包括高清摄像头、室内型温度和湿度传感器、氨气浓度传感器、硫化氢浓度传感器、室外型温度和湿度传感器。

2.2.2 羊舍电控室

在养殖棚舍电控室内部安装的设备,包括棚舍环控集中器(支持风机智能控制、加热智能控制、湿帘智能控制、小帘智能控制、自动清粪控制等)、智能水表、综合控制柜以及报警器等设备。

2.2.3 羊场中控室

羊场中控室指在养殖场办公室内安装的设备,包括计算机、互联网宽带、智能网关、大数据显示屏等设备。

2.2.4 云端 SaaS

所有传感类型数据均单向传输,即各类型传感器感应数据,通过传输协议上传到环控集中器,再通过智能网关上传到云端服务器进行存储、处理、管理和分析,结果可通过手机端 App 进行查看。

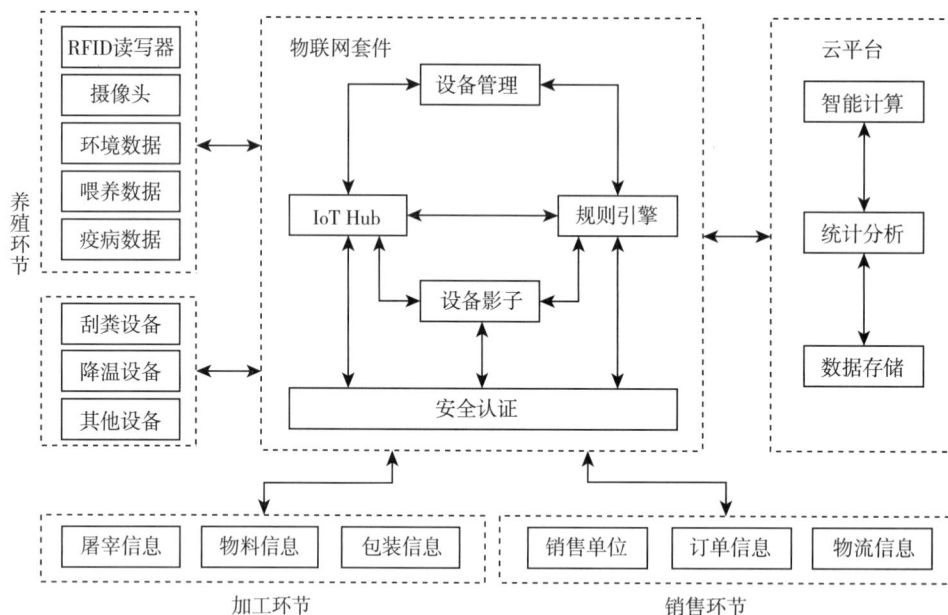

3 设备端

3.1 传感器

3.1.1 室内外温度和湿度传感器

用于检测养殖棚舍外部空气中的温度与湿度数据,可与室内型温湿度传感器和其他智能控制设备一起精细地控制棚舍内部封闭空间的微环境。

3.1.2 饮水智能水表

饮水智能水表一般安装在养殖棚舍饮水水管上,能够对湖羊每日饮水量进行实时监测。

3.1.3 氨气浓度检测传感器

用于检测养殖棚舍内部空间氨气浓度的大小,防止有害气体聚集并危害湖羊的生长。

3.2 硫化氢检测传感器

(1)硫化氢检测传感器可以明确地显示有害气体存在的低、高、TWA 和 STEL 气体警报,其所记录的 TWA、STEL 和峰值可以根据指令显示。

(2)室内外监控智能摄像头。智能摄像头能实时监控养殖棚舍内部家禽生长状态,便于养殖户在不进入棚舍的情况下对家禽群体进行有效的监控。

(3)自动刮粪设备。自动刮粪设备用于养殖棚舍湖羊粪便的清扫,能够大大减轻粪便清理的劳动强度，使室内保持良好的空气环境，给湖羊一个好的生存空间，降低疾病发生率。

3.3　羊舍环境控制系统

环境控制器是智慧养殖的核心控制器件，能根据传感器反馈的数据控制棚舍内风机、湿帘、小帘等器件，实现对养殖环境的控制。

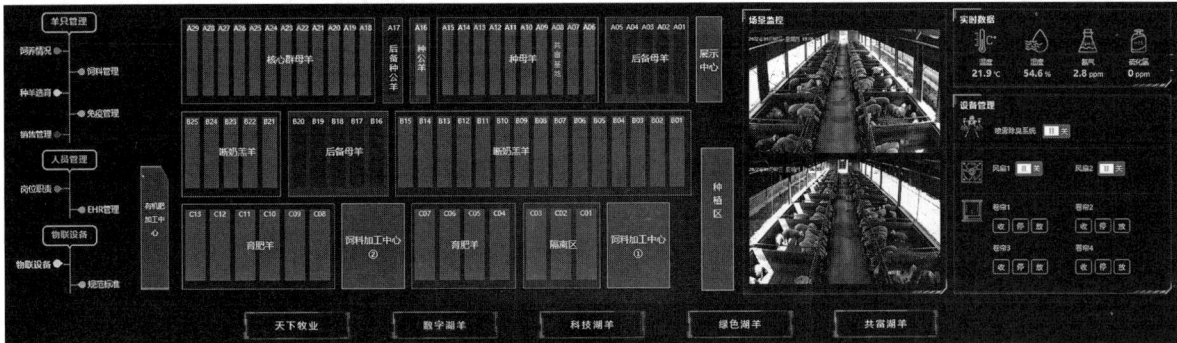

3.4　自动称重装置

自动称重装置用于简单、便利地获得湖羊体重数据，从而为测定生产性能、确定采食量、营养供给、初配年龄、用药剂量、选种等提供依据。主要硬件包含称重平台、栅栏、称重传感器、羊身定位传感器、耳标识别器、称重控制仪表。称重平台通过传感器信号线连接称重控制仪表，称重控制仪表通过信号线连接计算机，计算机上安装的称重管理软件，用于接收湖羊的重量数据信息并保存。当湖羊通过称重平台时，称重数据通过控制器传送给计算机，计算机通过湖羊耳标识别器识别湖羊编号，并与采集的体重数据一并存入管理软件，完成一次称重。

3.5　自动降温装置

自动降温装置主要用于降低养殖棚舍室内温度，以解决高温天气使养殖棚舍内病原微生物大量滋生，导致湖羊出现热应激，造成由于抵抗力降低、生产性能下降、中暑和其他疾病发生的问题。降温系统主要采用喷雾降温方式进行。

3.6　湖羊耳标

耳标用于证明湖羊身份，是其区别于其他湖羊的唯一标识，承载湖羊个体信息，加施于湖羊耳部。其本质为 RFID 射频标签，内部有控制芯片和天线，当湖羊靠近 RFID 读写器时，耳标内部芯片被激活，其数据可通过无线射频信号被读写器读取，从而完成湖羊身份的识别及其信息的存储、处理。

3.7　边缘端和管道

智慧养殖场景对控制系统的稳定性要求极高，断网容忍度较低，运行时效性要求也高，基本在几十毫秒，所以数据处理需要在本地迅速完成，因此所有智能设备首先连接边缘计算网关，再接入云端。

边缘计算网关不是要将所有事情都本地化处理，配置性工作如任务、规则、调度策略等需要在云端编辑，形成模型，再下发到边缘计算网关执行。边缘端存储和计算资源有限，其收集的海量数据也只能上传到云端加工、学习，形成模型后再下发边缘端。边缘计算网关是和云端一体化的完整平台，有机结合完成设备的数据处理、设备控制等操作。

管道接入技术标准根据应用场景不同可以分为广域网连接、局域网连接、近场连接、有线连接等不同方式。目前,智慧养殖行业由于其本身的业务特征,通常选用的通信方式包括短距 ZigBee 技术、蓝牙和低功耗广域网长距离(LoRa)无线通信等技术。

3.8 大数据中心与展示

通过图形化界面轻松搭建具有专业水准的数据可视化应用。提供丰富的可视化模板,极大程度满足业务监控、风险预警等多种业务场景的数据展示需求,能让更多的人感受数据可视化的魅力。支持图形化编辑,通过拖曳可轻松完成样式和数据配置,无须编程就可轻松搭建数据大屏。部署方式灵活,能够适配非常规拼接大屏,支持加密发布和本地部署,能最大化满足不同业务场景需求,展示家禽智慧养殖大数据。

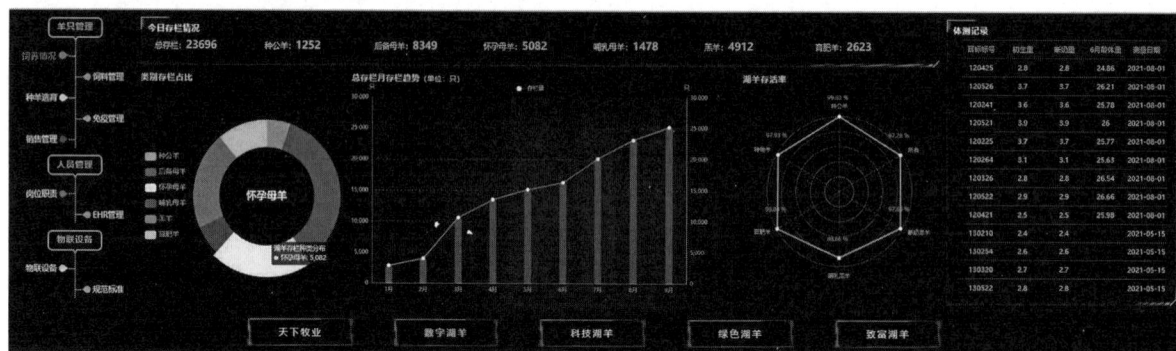

3.8.1 数据中心

数据中心对所有智慧湖羊业务过程中产生的数据采集、存储、处理、分析和管理,主要包括湖羊生产过程中温度、湿度、氨气浓度、硫化氢浓度、饮水数量、喂料情况、防疫情况等数据以及湖羊加工、销售等数据。

3.8.2 安全保障

针对智慧湖羊养殖终端的攻击可能会包括物理攻击、伪造或假冒攻击、信号泄露与干扰、资源耗尽攻击、隐私泄露威胁等。针对物理攻击,可以在养殖场的行政安全管理上进行防范或杜绝,避免攻击者对现场的感应设备或边缘计算设备进行物理破坏。在物联网设备中的安全芯片和不断升级的加密功能,可以应对伪造或假冒攻击,即使信号泄露,攻击者也无法破解其中的敏感数据,更难进行拦截、篡改。

4 数据可视化

通过大屏集中展示智慧湖羊业务过程全产业链的大数据,让生产管理者实时了解和控制智慧湖羊业务情况,降低人工成本,提高生产效率和效益。

4.1 最佳养殖曲线

通过湖羊养殖过程大数据分析,以最佳养殖为目标调整饲养过程中各项参数,提高生产效率和效益。

4.2 最佳采食量曲线

在不同季节里养殖,湖羊每日采食量会有差别。通过对湖羊养殖大数据分析,调整每日投食量,减少饲料的浪费。

5 智慧湖羊软件系统

综合运用物联网、智能监控、云计算、RFID、移动互联与人工智能等新一轮技术，融合智能化、数字化技术装备在湖羊产业各环节的应用，构建智慧湖羊综合服务云平台。

5.1 基于 RFID 技术的种羊核心群选育测定子系统

核心群选育测定子系统主要包括高繁群体选育测定功能和快速生长群体选育测定功能。通过对羊群生长数据、饲养日志等数据的分析，通过对繁殖数量和质量高、生长快速的羊群建立聚类模型，实现核心群选育测定功能。

5.2 基于物联网的羊舍监测与控制子系统

安防监控子系统主要包括围墙安保功能、风险预警功能、视频监控功能。围墙安保功能主要通过在养殖栏舍外围架设监控摄像头，通过抓拍湖羊异常出栏照片，送往后台判断状态是否异常，进而触发报警信息来实现。风险预警功能，主要通过分析往期养殖、用药及环境监测数据，预测是否有爆发疾病的可能，并向养殖人员发送预警信息。此外，还有对养殖区域空气质量监测、温度湿度监测，以及饲料加工过程监测等功能。通过对各种类传感器数据的采集、分析、处理实现养殖栏舍环境监测控制。

5.3 生产办公自动化管理子系统

生产过程控制子系统主要包括自动输料、自动刮粪、饮水自动控制功能。自动输料功能可以精准控制饲喂时间、频次以及饲料数量，从而实现湖羊的精细化喂养。自动刮粪系统实现养殖棚舍的机械除粪，清洁饲养环境，降低羊群得病概率。

办公自动化管理子系统主要包括生产管理、绩效考核、种羊进销存管理等。生产管理主要将投喂饲料、喷洒药物除菌、饮水控制、除粪控制等数据进行统计分析，形成饼状图、柱状图、趋势变化图等，为喂养决策提供参考。绩效考核模块主要可进行养殖人员的出勤记录，以及关联养殖羊群质量记录，以对养殖作业质量进行评估。种羊进销存管理实现种羊从买进、养殖到卖出的全过程管理。

5.4 湖羊自动称重子系统

自动称重子系统主要为测定生产性能、确定采食量、营养供给、初配年龄、用药剂量、选种等提供依据。管理软件用于接收湖羊的重量数据信息并保存。当湖羊通过称重平台时，称重数据通过控制器传送给计算机，计算机通过湖羊耳标识别器识别湖羊编号，并与采集的体重数据一并存入管理软件，完成一次称重。

5.5 融合区块链的湖羊产品溯源认证子系统

为确保湖羊产品质量，结合区块链技术对湖羊产品进行溯源认证。在前期生产养殖的基础上，将屠宰加工数据、销售及物流数据全面纳入该系统，并通过区块链技术使得数据不可修改，形成高度可信的认证机制，为消费者提供有效的溯源认证服务。

5.6 天下牧业湖羊产品电子商务平台

采用新零售、团购、众筹拼购、众筹定制等形式，构建湖羊产品垂直销售电子商务平台，为企业和消费者提供网上交易场所。同时形成企业在互联网上进行商务活动的虚拟网络空间和保障商务顺利运营的管理环境，协调并整合信息流、货物流、资金流使之有序、关联、高效流动，使企业利用该平台提供的网络基础设施、支付平台、安全平台、管理平台等共享资源进一步降低销售成本，提高销售效率。

5.7 湖羊疾病辅助诊断子系统

湖羊疾病辅助诊断子系统的后台支撑为畜类疾病知识图谱。构建畜类疾病知识图谱，首先对畜类疾病进行分类，根据病程长短、病因和患病系统等三个维度进行划分。按病程长短分为最急性型、急性型、亚急性型和慢性型四种。按病因可分为三类：由细菌、病毒等微生物侵入牲畜体内并进行繁殖而引起的传染病；由各种寄生虫侵入体内或体表而引起的寄生虫病；由一般性病因的作用或某营养物质缺乏所引起的普通病即非传染病。按患病系统可分为呼吸系统、消化系统、生殖系统等。分类完成后，对所有疾病的特征进行分类描述，包括：畜类患病时可观测的表观特征、病灶解剖图片、理化检测指标、治疗方案、推荐用药等。其中，病畜的解剖图片在大量输入系统，通过卷积神经网络深度学习后，能对病畜所得疾病进行识别和分类。湖羊疾病辅助诊断系统，只需要养殖人员输入患病的表观特征、解剖图片、理化检测指标等，由系统进行关键字比对、图像识别等处理，可完成对一般非疑难杂症的自动诊断。

5.8 基于大数据的湖羊生产优化决策子系统

基于大数据的湖羊生产优化决策子系统主要通过对系统采集的环境监测数据、湖羊饲养投喂数据、湖羊生命体征数据、湖羊生长发育数据等基础数据进行挖掘和分析，从而优化湖羊生产控制系统。达到羊群种群规模估计、棚舍扩建改建预估、饲料购进量预测、成品羊可售卖时间预测等功能，从而优化湖羊生产控制系统。

5.9 基于生物技术的 AI 底层算法（专利）

采用湖羊养殖过程中由物联网系统积累的大量数据，结合湖羊生长、繁育过程的生物信息，采用人工智能相关方法，建设湖羊养殖过程决策支持函数库，为进一步优化养殖过程、提升产品品质积累 AI 底层算法。相关方法形成并申报专利。

5.10 湖羊智慧养殖场设计优化方法（专利、标准）

通过对系统采集的环境监测数据、湖羊饲养投喂数据、湖羊生命体征数据、湖羊生长发育数据等基础数据进行挖掘和分析，优化设计湖羊养殖场。相关方法形成标准并申报专利。

"吉牛云"大数据平台

长春新牧科技有限公司

在国家大力发展肉牛产业、提升畜牧业信息化水平的背景下，吉林省畜牧业管理局和长春新牧科技有限公司联合开展"吉林现代肉牛产业数字化转型促进行动"，共同建设开发了具有"吉林"属性、自主知识产权的"吉牛云"智慧农业大数据平台。平台基于 Hadoop 体系下的数据处理、数据分析、模型计算等大数据处理技术，利用物联网、云计算、大数据、5G 等新一代信息技术，搭建肉牛产业大数据资源池，汇聚全省肉牛生产、流通、交易、普惠金融、政府监管、屠宰加工、交易等各环节数据。"吉牛云"是国内首个将畜牧数据创新应用于金融、政务、农业循环、流通交易、大数据繁育体系等领域的智慧畜牧云平台，已被列入吉林省新基建"761"工程，并经省发展改革委评审认定，以"吉牛云"为核心建设吉林省肉牛产业数字化转型促进中心，带动行业内中小企业数字化转型。"吉牛云"大数据平台的成功搭建和应用，摸清了吉林省肉牛底数，建立了牛只大数据管控体系，奠定了吉林省牧业现代化、智慧化养殖的基础。新牧科技以全国领先的肉牛种质资源和国内领先的牧业信息化平台为基础，基于吉林省千万头肉牛工程的伟大构想，立足于产业思维，以全链条科技服务赋能肉牛产业，以硬核种业芯片和数字引擎助力吉林省千万头肉牛工程，促进吉林省肉牛产业数字化转型升级。

"吉牛云"平台开展的肉牛普查摸清了吉林省肉牛饲养量、牛只结构、养殖主体、饲养规模、区

域分布及饲养密度等底数，为肉牛产业发展提供了翔实的数据基础。平台开展普惠金融政策落实工作，搭建起肉牛养殖主体融资对接服务平台，依托大数据监管，实时掌握养殖主体融资需求及抵押牛只情况。截至 2021 年 8 月，吉林省已普查牛只约 328 万头，普查养殖场户约 30 万户，通过"吉牛普惠"小程序提交融资需求的养殖主体共计 15 710 户，涉及牛只 196 213 头。2021 年 9 月，"吉牛普惠"小程序完成了吉牛普惠 2.0 版本的更新。增加了牛只离场、保险服务申请、政策补贴申请、配种申请、疫病治疗申请、疫病防控情况问卷、视频公开课等功能，实现了服务再升级。

肉牛活体抵押融资依托于平台真实可靠的数据基础及 RFID 设备盘点、AI 摄像机等监管手段的应用，"吉牛云"联合银行保险等金融机构，在"政银保担"联动支牧联盟框架下，合力推进"活牛抵押登记＋农户自愿保险＋银行跟进授信＋活体抵押监管"活牛贷款抵押业务。目前已应用"吉牛云"监管平台与多家金融单位开展业务合作，监管牛只约 1.7 万头。

新牧科技与天津渤海商品交易所联合打造全国首款肉牛活体线上大宗交易平台产品，支持活牛现货、预购、竞拍多种交易模式。通过"吉牛云"提供完整的牛只溯源数据，由专业化顾问团队提供购销咨询、包购包销，由天津渤海商品交易所提供专业线上大宗交易模型及大宗结算业务支持，肉牛产业平台大宗交易全国结算账户将落地长春。同时搭建"吉牛云"肉牛健康保障体系，创新融合应用物联网、人工智能健康养殖、基因纳米等技术，应用智能设备采集牛只健康数据，建立实时监测的疾病预警及智能诊断系统，搭建肉牛疫病快速诊断体系，为大宗、零售模式线上交易提供质量安全保障。

依托"吉牛云"大数据平台，新牧科技计划在吉林省开展肉牛大数据选种选配体系建设试点研究与技术开发，开展肉牛大数据育种工程项目研究。通过平台促进种公牛（冻精）信息完整准确、真实透明，可繁母牛信息全面登记，并以国家肉牛遗传改良数据中心育种测定评估技术为依托，建设吉林省大数据育种和大数据科学选配为主要标志的肉牛现代化种业体系。通过基因编辑、生物学、大数据、人工智能等技术的创新融合应用，提升吉林省肉牛种群改良和种源育种能力，培育具有自主知识产权的优良品种，解决种源"卡脖子"难题。

纽澜地高青黑牛全产业链数字化应用

山东纽澜地何牛食品有限公司

1 核心技术介绍

1.1 牧场管理系统

通过定点回传机制，将牛只健康状况、饲喂数据及成本消核数据等信息进行定时定点回传，实现牧场牛群管控、物资管控、财务管控等一体化，消除信息孤岛。

1.2 管理系统

管理系统分为多个不同的智能化设施子系统，包括智能养殖管理系统、TMR 精准饲喂监控系统、自动称重分群系统、健康状态监测系统、养殖环控系统。系统自动生成预警报告和分析报表，为企业生产经营决策提供管理支撑。

1.3 订单式生产

根据盒马鲜生订单的大数据分析，进行育肥期的全面改良和优化（饲料配方、饲养时间、存栏数量），按需饲养、按需存栏，通过供应链接入盒马鲜生的管控系统。根据盒马鲜生的日订单，进行部位肉的精细化分割，制成满足 C 端消费者食用场景的产品。自建以日为单位的订单体系，每天上

午 10:00 开始后台接单，中午 12:30 盒马鲜生的 27 个区域接单完毕。订单通过系统转化成生产订单及物流订单，凌晨 12:20 陆续装车发货。自建物流体系，每天恒温按时地完成全国 27 个城市大仓的配送，同时时刻监控物流在途中的情况。

1.4　智能溯源

用智能芯片连接 ERP 自建追溯体系和数字监控平台（养殖智能化、标准化），再与阿里数字农业、"盒马鲜生"的追溯系统打通，实现"一品一码、一盒一码"，最终实现消费者扫码获取全链路溯源信息。

2　应用效果

（1）纽澜地于 2019 年与阿里巴巴·盒马鲜生结成全面战略合作伙伴，纽澜地成为盒马鲜生肉类第一品牌，借助盒马鲜生线上线下融合发展的"新零售"模式，产品直销一线城市。数据显示，2020 年，纽澜地实现销售额 300% 的增长。在"供创天下鲜"2020 盒马新零供大会上，纽澜地作为战略合作供应商荣膺"年度最佳合作伙伴奖"。

（2）通过与盒马鲜生等平台实现数字化管控和精准下达订单，截至 2021 年初，纽澜地的屠宰、加工、包装、销售等生产线直接为周边村农户提供就业岗位 500 余个。带动人均年增收 5 万元以上，将联建的李孟德村、仇家村打造为"盒马村"典型，吸引周边群众就业 2 500 余人，为群众解决就地就业难题。构建了"黑牛盒马联村党委＋纽澜地公司＋合作社＋农户＋数字技术"的多方利益联结机制，形成"组织牵头、合作社搭台、企业参与、农户受益"的发展格局，开启了"村社企"合作发展新模式。2020 年被授予"2020 年度中国乡村振兴社会责任企业"。

（3）纽澜地与山东大厦合作，搭建了高青名优农产品展销新平台，带动黄河鲤鱼、清水小龙虾等 20 余种优质农产品入驻山东大厦。

3 发展前景

3.1 整合优质农业资源

通过盒马鲜生零售终端的快速铺设，已经将整合淄博乃至山东优质农业资源，链接阿里数字农业、阿里云、盒马等高端平台，实现农产品产、供、销、储、运、配一体化协同运作，建设阿里数字农业山东仓，打造优质农产品供应链和生态圈，把优质农产品直供全国盒马门店，为农业增效、农民增收提供有力的平台支撑，丰富乡村振兴齐鲁样板的农业产业振兴新模式。

3.2 成功打造产业园区

在山东淄博打造了一个基于高端动物蛋白的一二三产业融合的产业园区，通过产业园区模式更好地带动当地农民、农村、农业发展。与阿里数字农业在淄博市周村区打造成占地 600 亩的阿里巴巴（纽澜地）数字农业产业中心，打造成承载生鲜蔬果、生鲜牛羊肉、生鲜猪肉、粮油、面食、包装材料等产业的全自动化生产加工、分拣分装集散中心，成为淄博数字农业的城市会客厅。

3.3 建设"10 万头高青黑牛"国家级现代农业产业园

通过入园养殖、标准化物业式管理和"六统一"，充分释放产业红利，带动周边乡镇和养殖户实现产业致富。

奶牛智能称重及 3D 视觉测定体高体况等全数字信息采集平台

北京东方联鸣科技发展有限公司

1 核心技术

奶牛养殖全过程信息采集分析平台，从犊牛出生、后备牛、青年牛饲养、成母牛，到淘汰离群全程均智能化管理。基于牛只从出生到淘汰全过程的精准体重、体高、体况等生长信息的同步采集，实时上传于手机终端，并集成采食、产奶、繁殖、保健等数据进行综合分析，上传智能采集的精准数据至信息管理平台，实现与牧场管理软件的数据互联和实时共享，形成行之有效的数字化管理抓手，让牧群管理变得简单易行且极具价值。

搭建牧场 360°信息管理平台，上传智能采集的精准数据，实现软件硬件一体化，为数字化牧场提供成套解决方案。

2 整体方案技术流程和监测关键点

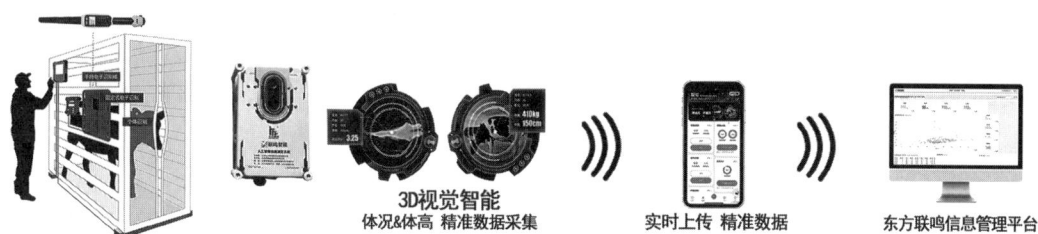

3D视觉智能
体况&体高 精准数据采集 实时上传 精准数据 东方联鸣信息管理平台

2.1 犊牛智能化培育解决方案

（1）从犊牛出生开始，应用现代 SNP 芯片检测技术，依托本土参考群，快速且准确地对犊牛进行基因组检测和遗传评估；助力牧场精准选择优秀犊牛，科学进行配种决策，不断优化牛群结构。

（2）犊牛喂奶期全自动智能饲喂系统和精准管理，实现远程控制、查看设备状态和犊牛情况，并设备报警；基于饲喂计划个体区别饲喂，实现精准饲喂。及早发现健康问题，如采食量、活动量、采食速度、采食行为等异常现象，建立每头牛的数据库（包括采食量、采食速度、拜访饲喂站的时间和次数、中断次数、采食时间，以及体重、外部设备的饮水量等），上传至信息管理平台。

（3）犊牛 2～6 月龄体重和体高同步采集和监测目标。

月龄	体重	体高
2 月龄	90kg	85cm
6 月龄	220～240kg	108cm

称重和保定平台可以自动快速地锁定活牛体重，并连续记录输出体重、电子耳标信息。联鸣智能采集摄像主机通过激光雷达视觉扫描，可以自动扫描捕获活牛 3D 形体数据，进行活牛肩胛体高测量，并同步传输到终端服务器进行存储以及后续数据分析。

2.2 后备牛体高体重一体化数据采集平台

犊牛后备牛一站式智能管理解决方案，实现精准培育后备牛。

月龄	体重	体高
13 月龄	380kg	130cm

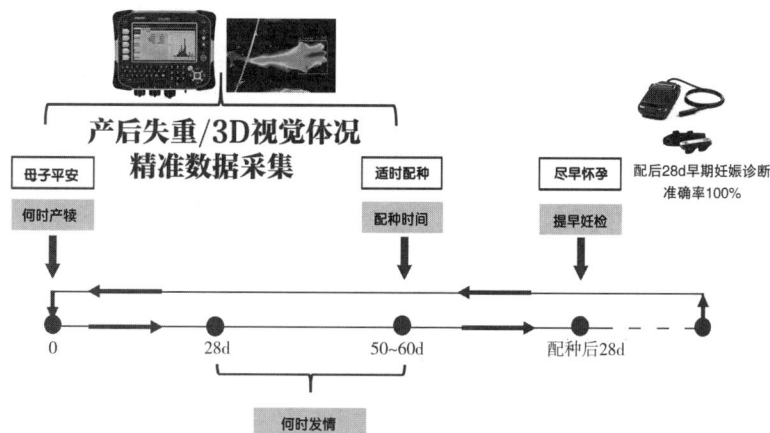

产后失重/3D视觉体况
精准数据采集

母子平安 适时配种 尽早怀孕 配后28d早期妊娠诊断 准确率100%

何时产犊 配种时间 提早妊检

0 28d 50~60d 配种后28d

何时发情

2.3 围产牛产犊前后称重和体况数据的采集管理平台

产犊前目标体重：95％成牛体重为690kg。

产犊后目标体重：85％成牛体重为620kg。

围产牛体况：3.0～3.5分。

（备注：成牛是指3胎以上，泌乳80～120d的成年牛。）

2.4 泌乳牛关键监测点数据采集上传至信息管理平台

基于泌乳牛体重和体况数据的重要意义，专为泌乳牛设计称重和2.5m保定平台，在奶牛通过挤奶厅进行挤奶前，快速锁定泌乳牛体重，并同步采集泌乳牛体况数据。将泌乳牛的产后60d失重控制在小于50kg，体况控制在2.75～3.25分。集合挤奶厅数据等上传于牧场信息管理平台。

3 应用效果

该系统部分应用场景展示

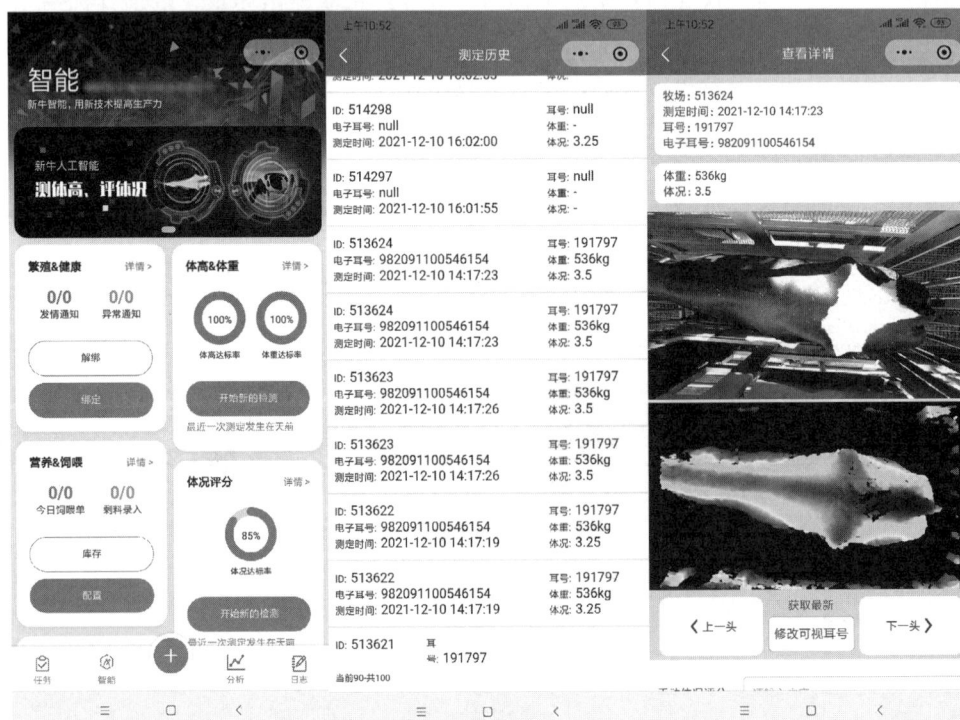

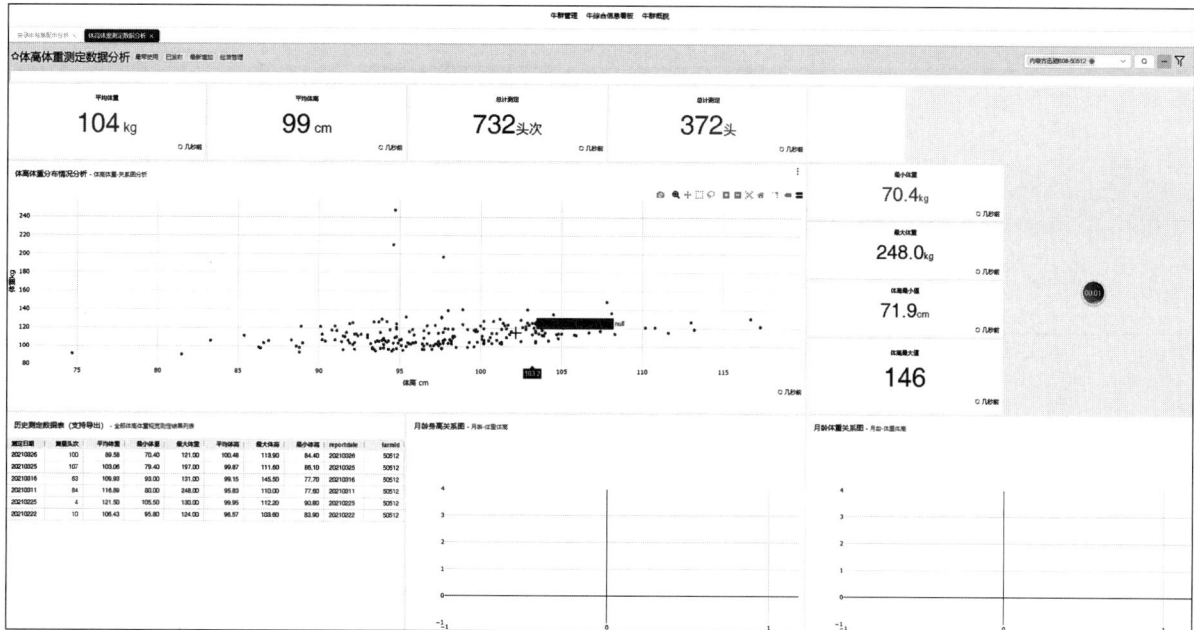

智能称重（3s 精准锁定重量）及 3D 视觉测定体高（15s 内精准测定），仅需 15s 完成数据精准采集，实时上传至手机和电脑终端，奶牛全程无应激且快速通过。针对奶牛不同生产周期的体重、体高和体况的监控关键点提供了成套化、软硬件一体化的解决方案。整个系统适用于保定式或通过式等多种应用场景，对犊牛、后备牛、围产牛、泌乳牛和离场牛的监控是关键点。

通过与牧场现有软件系统的接口对接和数据打通，东方联鸣奶牛全过程信息采集平台可以采集与呈现完整的牛群信息总览及变动作为数据分析的基础。同时，结合繁殖进程数据、产奶数据、饲喂数据、增重失重数据等进行综合分析，自动给出指标高低的判定，指导牧场改善生产，以提高生产效率，提质增效。

4 发展前景

在当前奶业进一步提升的关键阶段，在智慧畜牧业的高速发展进程中，利用新一代物联网、传感器、精准的个体识别技术，建设奶牛养殖全过程信息采集平台。从犊牛出生、后备牛、青年牛饲养、成母牛，到淘汰离群全程均智能化管理，实现饲料高效利用、奶牛精准养殖、牛奶优质生产，形成行之有效的数字化管理抓手，是引领奶产业向高质量方向发展的重要手段，是智慧畜牧业和数字化牧场发展的必然趋势。

基于区块链的生物资产数字化平台

南京丰顿科技股份有限公司

当前国内牛肉消费快速增长，但国内全年肉牛出栏量却仅占中国牛肉总需求的70%。国内大于1 000头牛的牧场仅有4%，大部分是个人牧场，数量仅有数十头。可以看出，整个肉牛养殖产业处于非常分散且规模化较低的状态，无法满足日益增长的市场需求。造成这一现象的主要原因是牛肉生产商受到了较大的资金限制。因存在牛只重复抵押、抵押资产难监管、抵押资产处置方式较少等问题，导致金融机构对于肉牛养殖行业风险控制力度较弱，养殖场除了获得政策性贷款及保险以外，较少能获得金融机构提供的商业化金融服务。因此，如要实现规模化、标准化养殖，养殖场/牧民靠自筹资金远不能满足需求。

基于以上现状和痛点，公司打造了"基于区块链的生物资产数字化平台"。

1 关键技术问题

1.1 动产的监管能力

概括来说就是把活牛看住，活体怎么有效地看住？我们采用的是资管项圈，重点解决三大问题。

1.1.1 唯一标识且可追溯

用RFID技术对抵押的标的生物资产验明正身，建立连续记录体系。

1.1.2 重点实现四个业务场景

（1）基于活动量的发情监测，帮助牧场及时获取牛只发情及最佳配种时间。

（2）基于GPS的位置监控，可以看到牛的实时位置，是否超出划定的电子围栏。

（3）活体/健康监测，建立活体和群内级别评估指数模型，智能判断佩戴活体的存活状态和健康状态。

（4）物理结构防拆，确保在安装、剪断、拆卸等异常时实时报警。

1.1.3 数据安全

基于NB技术，嵌入区块链SDK，数据被传送到电信/联通的OC平台。实现从物联网端到云端的全程数据区块链管理，保证数据真实、唯一，不可篡改。

1.2 线下监管和风控能力

基于线上平台对关键指标进行筛选，结合线下肉牛所有者的财务、信用等状况，筛选出合格的合作牧场。对合作的牧场重点关注日增重、死淘、饲喂成本等关键指标，通过线下技术服务帮助牧场提高生产效率。采用线上线下相结合的有效措施，保证抵押的活牛资产可视、可控和可追溯，保证标的资产的安全性。采用线上线下结合的方式，对饲料、屠宰等全程产业链合作伙伴进行整合，建立闭环联盟生态链。

1.3 对养殖场综合盈利能力评估

主要是从过去、现在、未来三个维度建立评估模型。养殖场70％的成本是花在饲料、饲喂上，对牧场的饲喂采用区块链饲喂智能监控产品，适时地抓取每一个牛群每一天吃了哪种饲料、多少量，由此掌握农场每天的投入情况。对牛群盘点和称重采用区块链智能化物联网产品，实时采集牛群及增重数据，依托于这个数据判断每个牛场每天销售多少头牛及销售的牛重量。一方面是投入，一方面是产出，两者结合就可以了解牧场的大概营收情况。

结合牧场的配妊率、胎间距、死淘率等关键技术指标，综合判断牧场整体生产技术能力，依托于投入和产出以及牧场生产技术能力建立起来的模型，就可以宏观分析牧场的整体经营状况。基于牛群的未来预测模型，可以知道牧场未来一年内每天的投入和产出情况，从而判断一个牧场过去、现在、未来到底是什么情况，辅助风控模型的建立。

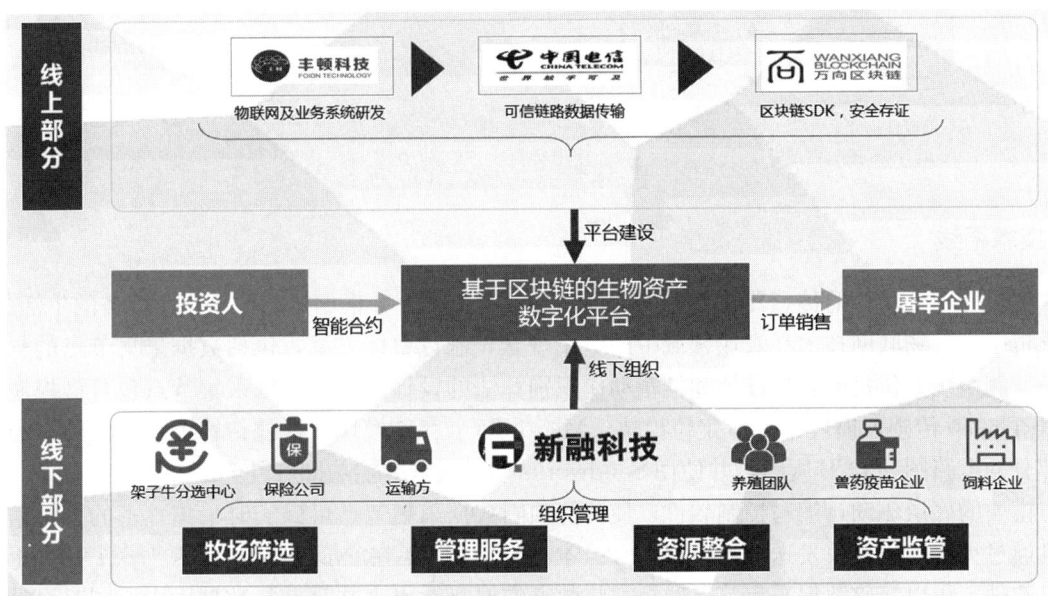

2 研究试验方法、技术路线

2.1 研究试验方法

本项目系统数据采集节点具有低功耗和远距离通信的特点，上位机软件负责数据的显示、保存和处理，在接收到数据的同时把数据保存在数据库内，显示接收到的实时数据，通过接收到的数据识别牲畜的一般动作。项目系统整体功能框图如图所示。

数据采集节点是智能项圈监测系统信息的来源，是整个系统的硬件基础。数据采集节点的功能主要是采集目标的各项信息，如运动信息、温度信息、GPS位置信息等。并将采集到的原始数据以一定的格式保存起来，方便以后牲畜行为识别算法的开发及验证。考虑到数据采集节点的实际需求，以低功耗的STM32F103芯片为核心设计了数据采集节点，完成各项信息的采集工作。上位机软件模块是对数据采集节点接收的数据进行处理的核心。上位机软件需要将数据采集节点采集的运动信息、温度信息、GPS信息等一系列数据保存起来。设计GUI界面，使得数据采集节点的信息能够实时显示在终端设备上，监测牲畜的生活状态。该部分主要使用C#在.Net Framework 4.6.1平台上开发。牲畜动作识别算法对上位机软件中接收到的数据进行处理，使用机器学习的方法对传感器数据进行分析，在Jupyter Notebook上使用Python语言对算法进行仿真，实现对牲畜不同动作的传感器数据进行分类识别。

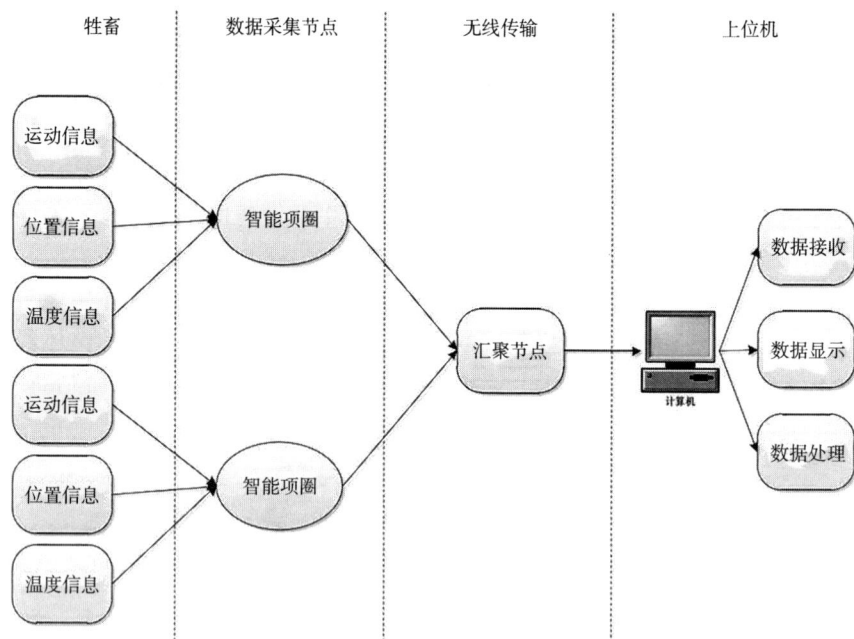

2.2 技术路线

　　本项目使用低功耗的传感器对牲畜的活动信息实时监测，并根据监测信息判断牲畜的生活状态。通过分析国内外物联网技术在农业领域中的应用现状，制订整体方案，包括数据采集节点的软硬件设计、监测系统上位机的软件设计和牲畜动作识别算法的设计。其中数据采集节点包含微控制器模块、MPU6050 传感器模块、GPS 定位模块、Micro SD 卡存储模块和无线传输模块。本项目设计了硬件部分的电路图和 PCB 版图，并使用 Solidworks 软件设计智能项圈的外壳，在数据采集节点中移植相应模块的底层驱动，编写控制软件，使智能项圈数据采集节点可以实时采集牲畜的多种信息数据并且通过无线传输模块发送至上位机部分。本项目使用 C# 在 .Net Framework 4.6.1 平台上编写上位机软件，可以接收数据采集节点数据，将数据实时显示出来并存储在数据库中。同时设计基于运动传感器的牲畜动作识别算法，使用 K - means 均值聚类算法对模拟的传感器采集到的三轴加速度数据进行聚类分析，使用 Python 语言在 Jupyter Notebook 上进行仿真，实现对牲畜不同动作的识别。最后对智能项圈监测系统的各个模块进行功能测试，根据设计的数据采集节点和上位机软件都能正常运行，能够完成对牲畜各种活动信息的采集、传输和显示的任务，设计的算法能够对牲畜动作进行识别，进而判断牲畜的健康状况。

羊全体尺体况分析识别设备及羊育种选种管理系统

内蒙古华文科技信息有限公司

1 核心技术

该产品的应用获得了内蒙古农业大学相关科研小组的支持，联合提升其科研项目中使用的育种系统的数据收集能力，搭建一个"羊选种育种管理平台"，通过图像识别技术采集羊体表型数据，通过 GPS 和 NB‑IoT 技术以及集成的传感设备收集羊只的位置、体温、运动量以及进食情况等生理健康数据，在大数据建模训练以及内蒙古农业大学先进选育种算法的基础上，为养殖企业及牧民制定一套比较完善、准确度较高的选育种方案。

该选种技术用高通量数据训练机器视觉模型结合业内先进的 BLUP 育种技术可以较为准确地估算出家畜的遗传力以及育种值。为广大养殖企业和牧民提供了便捷的选种育种管理体系。既可以节省人力，节约成本，又能提高产肉量和经济效益。

2 应用效果

在呼和浩特市金莱养殖场利用本系统采集羊的表型数据，包括体高、体长、胸深和尻宽等，智能化的数据分析方式可以快速地获取每一只被测羊只的体尺数据，在对获取的数据筛选分析并在系统内运算后，得出的结论和实际测量值拟合度高，各项体尺数据在可以接受的误差范围内。

在锡林郭勒盟东乌珠穆沁旗的原种场，项目组技术人员对识别模型做了适当的调整，该场养殖的是乌珠穆沁羊，属于国内少有的原生品种羊，只适合草原放养，由于该品种的羊体型大、运动量大、难驯服，因此，单独做了放牧型羊的数据模型。系统可设定多种数据分析模型，如：扭头模型、躬身模型、抬头及低头模型等，方案加入三维融合技术还可以计算羊的胸围、体重等信息。

浙江赛诺养殖场属于纯舍饲型的养殖企业，设备针对纯舍饲型的养殖加入了"料肉比"的测定功能。"料肉比"是舍饲型养殖企业盈利的关键指标，所以项目组根据实际需要做了适当调整，在此基础上建立了一套适合舍饲型企业的选育种模型，该模型可以满足纯舍饲型企业的养殖和育种需求。

3 发展前景

牛羊的体尺体重测量对于养殖企业和牧民来说是非常重要的。羊体数据信息的采集关系到牧场的养殖规划以及选种育种管理，所以羊体数据的快速采集以及羊群选种留种的科学性就成了养殖者盈利的关键问题。

本公司的项目组提出将计算机前沿科学中的机器视觉引入畜牧业生产应用中，通过图像识别技术采集羊体表型数据，再根据先进的算法模型结合三维立体重构技术计算羊体的重量，可以良好地解决羊体数据收集的问题。经过多次实践和探索，设计出了一款基于机器视觉技术的"羊体尺体况分析识别设备"，且在实际生产中取得了良好的效果。

　　选种育种管理平台设有健康评测、智能选种、系谱管理等多种功能，使用方便，目前正逐步推向全国。

"精牧云"牧场管理平台

山东成城物联网科技股份有限公司

1 "精牧云"介绍

由山东成城物联网科技股份有限公司（以下简称山东成城）独立研发设计的精牧云牧场管理平台（以下简称精牧云管平台），利用互联网、物联网、大数据等技术，主要服务奶畜行业中的奶畜管理、生产管理、牧场管理、人员管理等诸多领域，以解决"奶畜牧场、奶企集团"生产经营问题为核心的信息化产品。

经历了2017年的第一代，2019年的第二代，经过几十个版本迭代，于2021年9月正式发布"精牧云第三代"。本版本以"开放、共享、前瞻"为核心，通过牧场管理平台的应用做到"集约化管理、数据指导发展、牧场效能提升"等多项预期，为智慧牧场发展提供安全、可靠的技术支撑平台。通过SaaS部署，掀开"云端智慧牧场"新篇章。

"精牧云"支持电脑端及手机端使用，电脑端主要针对运维人员、专业人员、管理人员进行大宗数据的操作，手机端以App（安卓、苹果）、公众号H5、小程序为入口，主要针对牧场中不同岗位的日常操作，让牧场更高效。

2 适用行业

"精牧云"可应用于"奶畜行业、肉畜行业"，其中"奶畜行业"支持奶牛、奶山羊、奶绵羊、奶水牛牧场的全功能应用（奶畜运动量及产奶数据需硬件支持），后续将更新支持更多奶畜牧场应用。同时基础功能也适用于"肉畜行业"牧场应用，随着平台"牧场管理"功能的逐渐丰富，将兼顾更多的"肉畜行业"可用功能。

3 用户体系

牧场用户分为基础用户、正式用户、定制用户。其中基础用户为纯软件使用用户，不可使用"奶厅生产模块、发情提醒"等关联硬件的功能，本期内的其他功能均可正常使用。正式用户为"精牧挤奶厅、精牧发情监测设备"的使用用户，根据自己订购的"智能硬件及设备"，可使用对应的硬件关联功能及全部软件功能，具体区别详见下表。

功能	基础用户	正式用户
全生命周期管理	●	●
发情监测	○	○

(续)

功能	基础用户	正式用户
牧场工作管理	●	●
健康管理	●	●
奶厅生产数据	※	●
库存管理（V3.1.0 开发中）	●	●
饲喂管理（V3.2.0 开发中）	●	●
成本利润核算（V3.2.1 开发中）	○	●
分群门（V3.2.2 开发中）	○	○
体况评分（V3.2.3 开发中）	○	●
牧场分析及报告	●	●
定制化功能	○	○
手机端	●	●
电脑端	●	●

注：● 有、○ 选配、※ 无。

4 功能详解

4.1 全生命周期管理

对奶畜的建档、发情、配种、妊检、干奶、产犊、流产、同期发情进行全生命周期管理，各工作人员可按照自己的岗位职责进行操作，如配种员进行发情配种操作，兽医进行产犊操作等。并提供按奶畜详细信息、事件信息进行历史数据查询，做到事件可溯源。

在奶畜一个胎次流程的自然规律中，各事件是逐一发生的，当前事件的终点是下一个事件的起点，如："妊娠已孕"是"妊检事件"的结束，是"流产、产犊事件"的起点。但在具体的牧场调研中发现，一般的牧场在管理方面存在欠缺，无法记录奶畜的全生命周期，仅在重要节点进行记录，造成数据无法"符合流程"的操作，针对这种情况，我们设置两种操作模式来降低数据依赖性，提升平台便利性。

4.1.1 流程模式

在工作台、待办、提醒中的快捷操作，仅支持按照"自然规律"正向操作，无法跨流程操作，如"妊娠已孕"的牛只，只可进行干奶、流产、产犊操作，无法进行配种操作。

4.1.2 非流程模式

在单只、批量操作时，指定"具体牛号"，可进行跨流程操作，但不可以跨胎次操作，本胎次中的"产犊或流产"为必操作项。如完成"发情配种"的牛只，可以跨过"妊检、干奶"，直接进行"流产、产犊"操作。

4.2 发情监测

基于硬件设备采集奶牛"步数"数据，通过平台的发情算法分析，得出发情指数，当指数大于发情阈值时，则在平台进行提醒，并绘制近日的"步数"走势图，通过该功能的应用，大幅降低漏情，提升牧场繁殖水平。目前该功能仅支持奶牛行业，且硬件设备需为"精牧计步器、项圈"的相关配套设备，对于第三方品牌挤奶机设备，需厂家开放硬件数据。

4.3 牧场工作管理

基于奶畜全生命周期管理的数据，按照奶畜的自然生长规律，在下个节点对操作事件进行计划提醒，如妊娠检测为"已孕"，则在下个操作"产犊"之前，进行提醒。同时对异常奶畜进行提醒，如 18 个月未配种后备牛、20 个月未妊娠后备牛等。各岗位人员可通过工作台，有计划性地开展日常工作。

4.4 健康管理

对牧场管理中关联奶畜健康的保健、免疫、疾病、体温等进行管理，做到一牛一档，详细记录个体奶畜在保健、免疫、疾病中的操作记录，实现疾病"从发现到治愈全过程"的线上操作。其中治疗方案库支持多人修改编辑，并保存多个版本，方便工作人员根据不同症状，调整治疗方案。通过各类型疾病的资料建立，最终形成牧场自有的"疾病库、治疗方案库"。

同时基于疾病的类型、发病数量、治愈情况进行统计分析，宏观地展现牧场健康管理工作情况，为牧场安排工作，制订计划提供数据支撑。

4.5 奶厅生产数据

通过物联网技术，连通挤奶厅的挤奶硬件设备，通过硬件数据平台的数据对接，实现挤奶厅生产数据的采集展示，包含产量、单杯记录、流速、杯组状态、电导率等信息，并进行产量（个体、牛舍、牧场）、奶台效率、产量差异、泌乳曲线等数据的分析。目前仅支持"精牧挤奶机"相关配套设备，对于第三方品牌挤奶机设备，需厂家开放硬件数据。

4.6 库存管理

对牧场的药品、饲料、冻精、耗材等进行录入，可设置详细参数，如数量、单位、规格、成本、使用属性等。在设置好库存后，操作相关业务时，将自动进行库存的扣除，如发情配种操作时，自动执行对应冻精的出库操作。除业务操作关联库存外，还可进行单独的出入库、盘点、销毁、维修等业务操作。

4.7 饲喂管理

对库存中的饲料类型及比例进行组合，可形成多种配方方案。牧场工作人员可根据牧场的实际情况，设置饲喂计划，并绑定配方方案，饲喂计划可按照实际情况设置饲喂时段、配方、负责人员、备注信息等。对同一时间段设置不同的饲喂计划，可通过设置优先执行等级，对重叠的日期及计划可自动生成单次、单日期的执行计划表。

制订计划发布后，下发至各工作人员进行执行，同时对计划执行的库存进行自动关联出库。对于饲喂后的剩料可进行数据录入，自动分析该牛舍的投料情况。

4.8 成本利润核算

通过库存管理、饲喂管理、发情配种、挤奶厅生产数据等信息，可对牧场的成本、利润进行自动计算，对于平台未涉及的其他支出，可进行手动添加。通过该功能的应用，实现对牧场经营状况的随时了解。

4.9 分群门设置

通过分群门硬件的对接，实现平台设置分群条件，可对"指定繁殖状态的奶畜"及符合"体况、产奶量、电导率"设置阈值的奶畜，进行分群指令下发，符合条件的奶畜在通过通道时，分群门进行分群操作。目前仅支持"精牧分群门"相关配套设备，对于第三方品牌分群设备，需厂家开放硬件数据。

4.10 体况评分

基于主流的体况评分标准，工作人员可通过平台对单只牛只进行数据录入，如体况、尻部、腿蹄部、乳房、乳头等，平台提供数据项说明，方便工作人员相对客观地准确输入，输入完成后，自动计算牛只各项数据得分，并形成合计总分。

4.11 牧场分析及报告

结合牧场的繁殖、健康、饲喂、育种、生产、库存、利润等信息进行分析，对每个数据种类进行可视化展示。对具备行业共性的数据进行比对，直观反馈牧场管理情况。

5 发展方向

山东成城是一家立足"奶畜行业"深耕的科技型公司，依托公司科研力量及外部合作，成功完成了单"智能硬件"向"物联网＋移动互联网＋大数据＋云计算"的华丽转型。未来我们将持续提升精牧产品品质，拓展周边产品线，向实现"全知全能"的"智慧牧场"的目标继续努力。

数字肉牛产业大数据综合服务云平台

深圳市中恒国科信息技术有限公司

1 核心技术

数字肉牛产业大数据综合服务云平台是针对肉牛产业专门开发的数字化信息化管理平台。将传统畜牧养殖技术与现代信息化技术充分结合，支持肉牛各类养殖业务模式，连接政府、企业、个体牧场和各类中小散户等不同养殖规模的业务接入。借助 RFID 物联网技术、边缘计算技术和大数据平台，全方位精准定位各生产环节和管理，建立"大数据池"和物联网数据标准及软硬件产品标准，构建肉牛产业信息整合与展示"一张图"。通过大数据模型进行业务分析，协助科研机构、政府机构、行业机构、生产企业等进行经营决策，优化资源配置，全方位服务于我国肉牛产业数字转型升级。

提供的主要产品包括肉牛全产业链十二个大数据子系统：牛业大数据指挥决策中心、饲草数字种植管理系统、母牛繁育管理系统、数字肉牛养殖系统、肉牛疫病防控监测预警系统、GIS 环境监测系统、肉牛保险金融风控系统、数字活牛交易系统、肉牛数字屠宰信息管理系统、肉牛品质安全追溯防伪系统、牛肉产品冷链物流定位监管系统及牛业联盟系统。食品安全全产业链追溯系统解决了政府从肉牛养殖、屠宰、仓储及消费流通领域进行全程追溯。

2 应用效果

2.1 屠宰加工管理系统

主要解决了企业肉牛在屠宰环节从进场到肉块分割整个过程的管理。

2.2 活牛交易系统

主要解决了线上交易、线下交割，解决"买牛难""卖牛难"问题。

2.3 动物疫病监测预警系统

主要解决了对各类疫情、疾病、免疫、无害化处理信息等大数据分析统计。

2.4 饲草种植管理系统

主要解决了对饲草种植环境检测、种植资源数据采集、农事任务的跟踪管理、实现优质饲草基地的信息化管理和动态监管预警。

2.5 牛业大数据决策指挥中心系统

主要解决了以 BI 图形化报表形式呈现，形成牛业数字化看板。

2.6 肉牛养殖管理系统

主要解决了规模化养殖企业对肉牛繁殖进程、疫病免疫、日常饲养等过程的实时动态跟踪。

3 发展前景

（1）借助 RFID 物联网技术、AI 识别技术、区块链技术和大数据平台对肉牛进场管理、繁殖进程、疾病免疫、日常饲养、日增重、料肉比等过程全程跟踪。通过大数据分析平台提供各类分析报表指导生产、协助管理，精准分析肉牛饲养价值，进而对每头肉牛个体提供精准科学的决策依据。

（2）依托"数字肉牛产业大数据综合服务云平台"，建立科学准确的肉牛身份及产品身份标识，优化肉牛场日常管理，实现精准饲养管理数据库，科学进行经济性分析，形成标准化体系与国际接轨，用数字化助力肉牛产业转型升级。

（3）在提供强大功能的同时，对系统的操作进行优化与整合，使系统操作准确易用，提高工作效率，功能模块的开发还要遵循以人为本的原则。

（4）所选用的技术和产品，全部遵循通用的国际或行业标准，各系统模块之间有良好的兼容性。支持数据的导出和导入功能，以及与其他系统文件和其他数据库系统的信息共享。

（5）在用户登录和信息传递的过程中，对数据进行加密处理，有效防止注入攻击、密码猜解、木马上传等各种恶意攻击手段，最大化保证系统的安全和稳定。

区块链智慧牧场数字化系统

北京华链共赢科技有限公司

落实习近平总书记把区块链作为核心技术自主创新重要突破口，加快推动区块链技术和产业创新发展的指示精神。产业区块链的服务监管平台，结合机器自治的奖罚机制，创新智慧牧场的现代管理模式，助力产业数字化转型，推动高质量发展，为中国农业现代化建设做贡献。

信息孤岛问题、增效降本潜力的挖掘、牛舍的环境有待改善，数字化的转型机遇挑战、牧场环保的监管有待提高、生物资产的价值未充分体现等是牧场存在的一些共性的技术问题。为解决以上问题，提出了区块链智慧牧场解决方案（1.0 版），该方案将牧场的运营与区块链技术深度融合，确保网络安全，数据加密共享、永久存证、不可篡改。用科技推进中国农业牧场向现代化和高质量方向发展。

1 业务的整体架构设计——MT 链

M 链是由 M 链节点和监管节点组成，主要负责数据中台公共数据、账户权限管理、业务规则管理、数据监管以及可对 T 链进行分类管理及跨域访问的控制。T 链用于实现具体的业务场景，实现数据隔离，同 M 链节点锚定，MT 链互联互通。

采用 M 链和 T 链的双链架构，从牧场的重要管理节点入手，结合智能合约，然后打破信息孤岛，增效降本，为牧场管理赋能，助力供应链金融。在整个联盟链的架构中，智能地磅、TMR 饲喂、发情监控、疾病监控、奶量实时监控是一期建设的内容。牛舍环境监控、环保在线监控、奶牛公允价值监控、供应链金融是二期建设的内容。

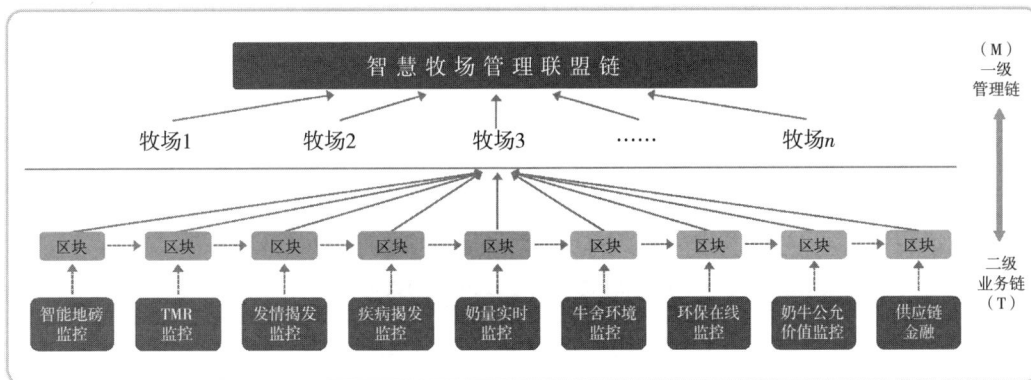

2 区块链功能模块的底层设计

区块链的功能模块的底层是 Chain SQL 数据库，系统包括管理后台和前端，前端应用可以凭借

Web、App 和小程序的方式进行展现。

3 加密数据分级共享

利用联盟链的优势，链上所有成员可对加密数据分级共享。根据权限不同，各成员可以访问不同的数据资料，集团拥有系统最高权限。

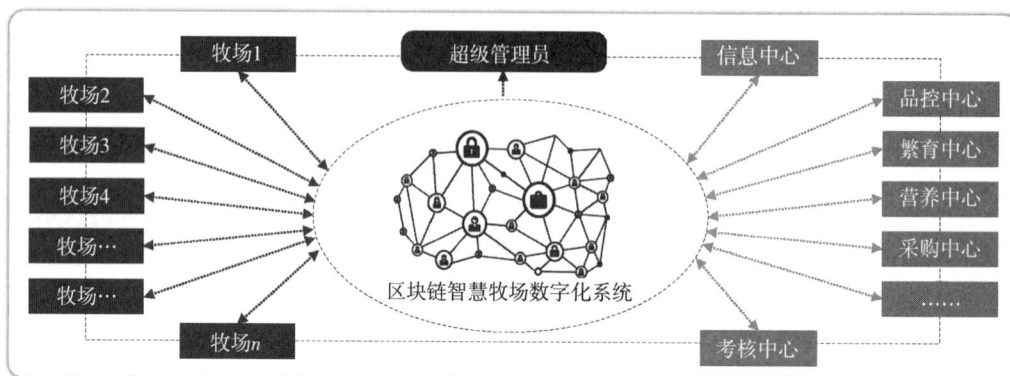

4 部署智能合约

智能合约是区块链技术的一个核心点，一级管理链通过部署智能合约管理二级业务链中的关键节点，节点上的业务活动如果触发相应条款，计算机将自动执行预定合约，最终通过机器自治实现数字化管控。

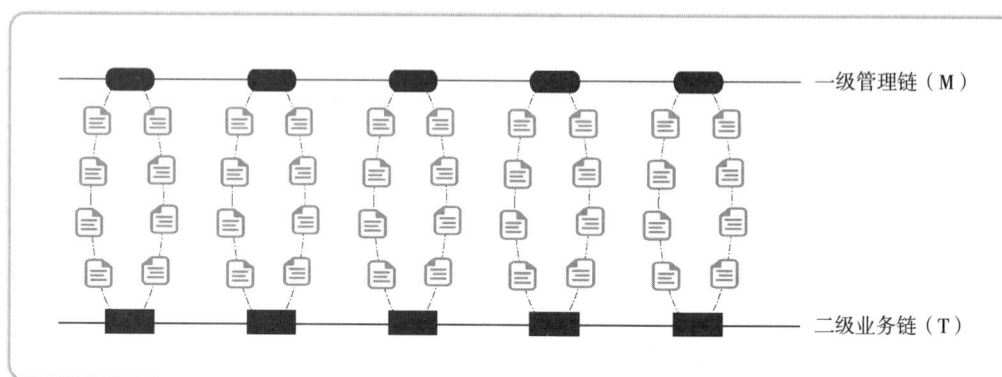

5 区块链自治奖罚机制

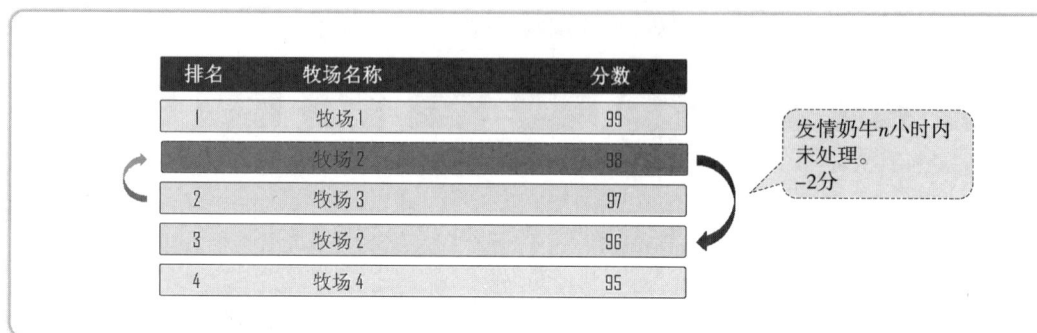

区块链智慧牧场系统抓取关键节点的数据，通过智能合约及创新奖罚机制可高效利用基础数据，形成机器自治，有效评估牧场管理行为，提高管理效率。例如：在发情揭发节点，如果繁育员没有在智能合约规定时间窗口内完成奶牛的配种工作，则数据无法上传，不能形成有效加密区块，系统就会自动触发奖罚机制，进行罚分处理。

6 区块链智慧牧场的整体解决方案各个子系统的详细分解

6.1 智能地磅监控系统

将车辆自动识别、自动读取数据、信息同步等技术相结合，抓取节点数据自动上传至平台并形成加密区块。整个过程无人为干预，作业标准、精确。

6.2 TMR 监控系统

采集牛舍、员工、车辆、饲料等多种基础数据，对上料、搅拌、撒料进行全过程监管，提高饲喂精准度，降低饲料损耗。数据中心通过对 TMR 系统采集的数据和智能地磅系统采集的数据进行数据分析和数据挖掘，可以完成饲草料的出入库精确管理。

6.3 发情/疾病揭发监控

通过手机 App、小程序、随身记录仪可完成以下工作：

（1）对繁育员的工作定位打卡及工作影像记录，结合智能合约，达到对繁育员工作时效的考核目标，促使繁育员及时完成奶牛的受精配种，提高奶牛受孕率。

（2）对兽医的工作定位打卡及工作影像记录，结合智能合约，达到对兽医工作时效的考核目标，使兽医能够及时处理生病牛只，降低牧场疫病风险。

6.4 奶量实时监控系统

通过 API 接口可以连接国际国内的主要挤奶厅管理系统，结合智能合约，追踪到每头牛的产量和奶罐总奶量，通过大数据计算的辅助可以准确预测牧场的奶产量，有利于牧场管理者科学决策。

6.5 牛舍环境监控系统

系统采用优质高精度传感器，对牛舍的温湿度、氨气、二氧化碳浓度进行实时检测，经过系统分析处理后由中心控制系统下达命令来控制牛舍内的风机、喷淋系统、卷帘门、水泵等设备，有效改善牛只的热应激，从而保证牛群在一个健康舒适的环境中生活，进而达到提高奶产量的目的。

6.6 环保在线监控系统

可以提供可靠的水质分析解决方案。通过对化学需氧量（COD）、氨氮、总磷、总氮、重金属等核心指标的实时在线监测，保障牧场排放符合环保要求。

6.7 奶牛公允价值监控系统

区块链智慧牧场服务监管平台可以有效监控全集团奶牛数量、奶产量、奶牛价值。对于奶牛的价值选用能够反映资产价值变动的公允价值模式对其进行价值计量，即具有实践操作的可行性，同时也为供应链金融环节中金融机构对生物资产的价值评估提供可信依据。

6.8 区块链供应链金融系统

区块链供应链金融系统定位于为企业提供平台化技术，打通核心企业上下游，整合物流、信息流、资金流，提供基于可信数据生成的电子权证的拆分、存证、流转、抵消等服务，助力构建核心企业与上下游企业共同的供应链商圈，并实现圈内"无资金"交易，降低产业链整体成本。

将区块链技术内嵌到智慧牧场的解决方案中，给牧场管理层提供一个现代的管理模式和一个服务监管平台。它可以管理整个乃至全国的牧场，助力整个牧业进行数字化转型，使牧场运营更加高效和透明，集团的监管更加规范和及时，使老百姓对奶源的质量更加信任，保障整个奶源的产业链条良性循环。

艾伯数字肉牛数字化牧场管理平台

———————— 深圳市艾伯数字有限公司 ————————

深圳市艾伯数字有限公司隶属于香港上市公司艾伯科技股份，专注提供肉牛领域智慧畜牧数字化解决方案。通过自主研发牛体体况检测设备、AI活牛资产监管及日增重监测设备，完成牛只从入栏到出栏全方位的数据采集与个体评估，并对肉牛活动、饮食、静卧进行全程监测，实时跟踪与监控活牛个体健康及日增重状况，形成在线可查的活牛数字化档案。为科学饲喂、疫病管控提供数据依据，实现牧场智能数字化经营管理。

目前艾伯数字已于内蒙古通辽市科尔沁左翼后旗合作建设规模为 1 000 头的肉牛数字化示范牧场。利用通辽后旗在肉牛繁育、犊牛养殖、活牛交易成熟的畜牧产业链条及区域影响力，推进智慧畜牧在肉牛产业集散地落地。

艾伯数字规划有活牛体况检测系统、智能称重管理系统及活牛资产数字监管系统三大体系。

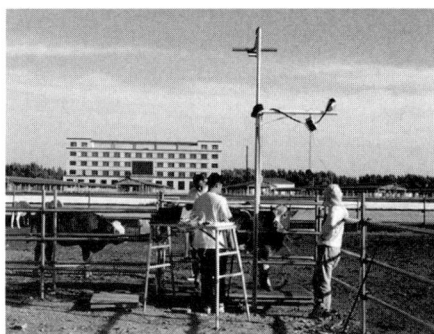

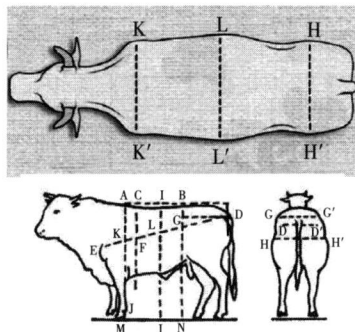

1 活牛体况检测系统

活牛体况检测系统包含体重测量模块、体尺测量模块、身份识别模块，架设在牧场入栏及出栏位置，可配置自动称重磅，实现在交易及饲养环节中，快速、高效、准确及安全地获取牛只体重、体貌、体尺数据。作为肉牛繁育及犊牛阶段养殖经济的重要指标，良好的体况数据能有效反应母牛及犊牛的体质性状，指导母牛产犊和后期育肥管理，为牛只科学饲养和交易提供参考依据。

2 智能称重管理系统

采用无人值守方式，架设在牛只每日经停的圈舍饮水位置，包括自动称重磅、高清摄像头、耳标识别器等，将牛耳标数据、地磅称重数据、现场照片等数据，通过数据链传输到数字化云平台，获取牛只重量数据，远程动态监测散栏饲养牛只日常体重及生长状态，对牛只生长周期的重量变化进行统计分析及科学评估。

3 活牛资产数字监管系统

通过深度学习算法，识别并监控圈舍牛只，提供牛只数量预警，是牧场安全、牧场资产管理及资产监控的重要指标。养殖户及第三方金融担保公司可通过监管系统实时掌握牛只变动情况，减少牛只数量监管所需人力，及时获取异常报警，帮助企业打通融资通道，解决金融资信评估及资产监管痛点。

羊场生产管理系统

朝阳市朝牧种畜场有限公司

1　原理

将繁殖母羊从配种、妊娠期、哺乳期到空怀期作为一个完整的时间闭环。从配种时间开始作为"0"天，把上述时间闭环作为纵线，由营养、保健、日常管理等要素构成的绝大部分操作内容作为横线，每一个管理"颗粒"形成量化、可复制的标准，镶嵌到最佳时间节点上，最终形成高效率、可复制的生产工艺流程。

1.1　分工方法

本系统将生产中所有事项分为：循环类事项、个性化事项、问题导向事项、应急类事项四类。

1.2　软件的功能描述

软件可以在手机上应用 App，也可与电脑绑定，软件为电子日历模式，可较方便地查看一个月、一周、一天的生产情况。

1.3　事项嵌入方式

以任何一天作为起始日，确定需要循环的事项，可填写事项的标题和内容（可用文字和图片）。事项按照紧急程度分为：非常紧急、紧急、一般，并通过不同颜色区分，员工完成任务后可变为绿色。根据需要确定循环开始时间（起始日开始第 n 天）、循环的周期（n 天循环一次）、循环的次数。每个事件均有提醒功能。事项可添加附件，附件格式可以是文档、图片和视频。

员工可在手机或电脑上添加工作日程，内容包含事项标题、计划完成或需要提醒的时间段、事项内容等。软件具有闹铃提醒功能，可根据需要确定事项是否循环。该类事件的颜色与循环类、非循环类事件区分，完成后标识为绿框、绿字。

2　应用效果

本管理系统可实现肉羊工业化生产管理，实现产业的标准化、流程化管理，可大大提高管理效率。通过软件管理，能够实现"傻瓜"式管理。

该系统适合肉羊、肉牛等产业化程度相对落后的产业企业的生产管理，特别是管理经验不足，管理人才缺乏的企业。该系统可大幅提高生产效率，规范生产的标准化程度，完善企业的生产工艺流程，应用前景非常广泛。

牧场自动分群、称重系统

上海朝为电子科技有限公司

1 市场前景

农村就业人口逐年减少，随着城镇化速度加快和经济的发展，农村就业人口从 2000 年的 50％ 下降到 2019 年的 26％，人口老龄化也在加剧，农村就业人口近年呈现逐年减少趋势。畜牧业人均 效率有待提升。智能化时代和牧场信息化的到来，牧场分群门系统是牧场精准化牛群管理核心的基 础设施，可以大大提升牧场运作效率。

牧场日常有大量牛只事件处理，包括繁育事件、健康事件、牛群管理等，每千头牛每天大概需 要处理上百个事件，工作强度大，效率低。传统奶牛场配种员只有约 15％ 的时间是从事和繁育相关 的工作，其他 85％ 的时间在观察发情、找牛，工作效率低。采用智能发情检测、分群门系统后，整 体效率可以提升 50％ 以上，同时减少牛只应激反应。

2 分群门系统介绍

分群门系统由分群控制组件、云服务、维护台等组成，在牛只经过分群门系统时，通过识别个 体牛只耳标，按照预设条件或者近端控制进行分群操作。

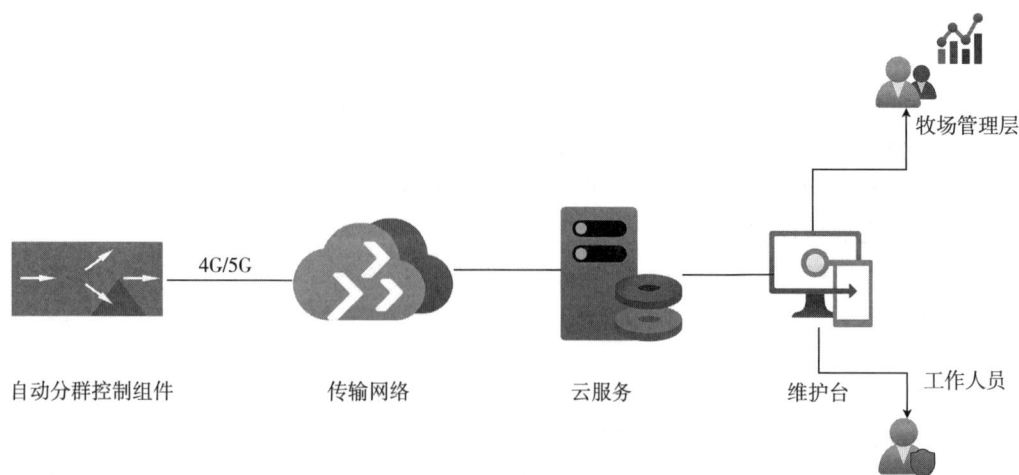

用户只需要安装分群控制组件即可，无须部署本地服务器，分群控制器直接链接到云端，用户 登录到分群系统的网站直接进行分群设置操作，支持灵活配置方式，支持定时、下一次出现等操作 方式。同时可以集成自动称重系统，进行称重操作。

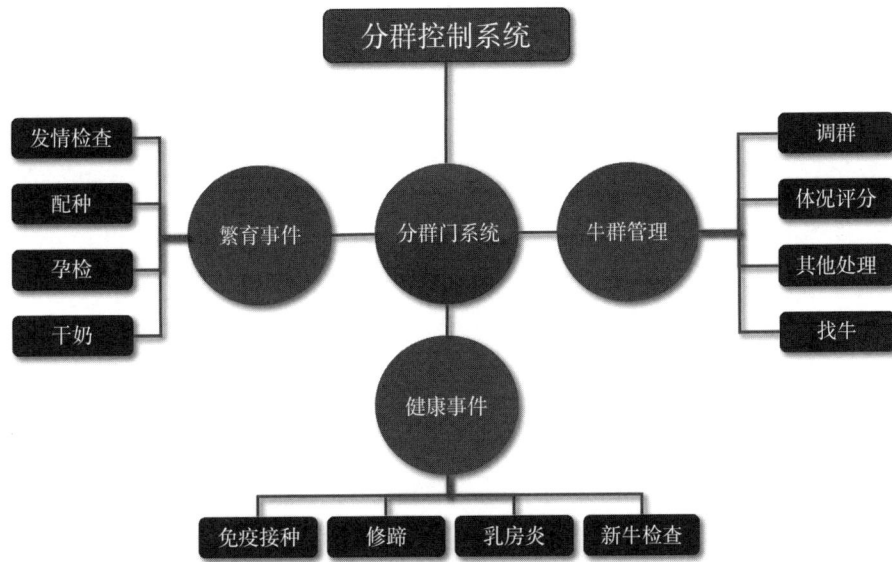

智慧兽医篇

智慧兽医专业服务体系的建立

北京中科基因技术股份有限公司

数字化兽医专业服务平台，以"线上＋线下"双轮驱动，打造整个智慧兽医产业链，把数据信息采集、智能问诊、疫病检测、动物健康管理全线打通，优化整个产业链，形成大数据中心。最终通过大数据分析、算法模型优化来进行疫病流行病学的分析和预测，从而造福人类。产品涉及核心技术优势如下：

（1）通过 AR 眼镜技术实现专家远程会诊、远程诊断和在线诊疗，建立共享专家、实验室、兽医服务工作站。建立畜牧兽医专家线上线下沟通服务，让资源在本项目建设的共享平台上流动，解决专家资源不均衡的问题。

（2）通过人工智能芯片识读技术，实现现场、快速、高通量、多联检的特点，运用 IoT 技术把数据实时传输到云端，通过人工智能快速给出解决方案，实时生成报告。

（3）通过搭建动物健康管理的 AIoT 模型，养殖场现场环控设备 24h 监控以及实时预警机制的建立，通过人工智能体感的预警学习等算法，不断优化，填补行业内空白。

（4）运用人工智能、智能芯片、大数据、AIoT、电子成像技术、灰度值数字分析技术、恒温加热技术、多频调节振荡技术等最新 IT 技术建立人工智能大数据支持平台。

1 应用场景

中小型牧场、养殖场是核心的终端用户，智慧兽医专业服务平台主要应用如下：

1.1 "线上＋线下"的联动

建立实验室数据样品信息数据的标准化规范，根据疫病防控的实际需求，筛选出样品背景信息的关键数据维度，建立标准化数据库，为不同疫病流行病学大数据分析建立基础。

1.2 智能化兽医诊断分析技术

根据不同动物疫病诊断的基础数据、生理学和病理学数据，建立智能化分析系统，实现语音、图片、文字形式智能诊断。

1.3 兽医共享平台

共享专家、实验室、兽医服务工作站等，建立畜牧兽医专家线上线下沟通服务，让资源在本项目建设的共享平台上流动，解决专家资源不均衡的问题。

1.4 环控监测

通过对养殖场环控数据监测，以传感器和摄像头设备为主，对牧场环境参数实时监测，并通过体感温度预警模型和异常行为预警模型进行异常报警，并对动物生长周期进行健康管理，为管理者提供决策参考。

2 应用效果

中科基因以自身强大的专业背景切入互联网，利用其明显的专业优势，以牧场、实验室、专家为切入点打造产业互联网，引领行业的升级。

强大的五级实验室（参考＋省级＋联合＋联盟＋终端）都是可以自带流量，减少获客成本，加上独家诊断试剂，可以明显地减少诊断时间，提高效率，形成线下壁垒。中科"名兽医"是国内首家 O2O 模式（线上问诊、线下诊断），线上的优势是方便快捷、选择多样，且不受时空限制。线下优势在于看得见摸得着，能够满足用户对服务的消费体验。目前在线上积累了近 6 万的客户和 2 000 多名共享专家。

线下建立了 22 家省级动物疫病检测中心，30 家联合实验室，与大型畜牧企业兽医诊断中心、大学及科研机构兽医实验室等建立 200 家实验室联盟。与大学及科研机构共享国际一流的动物试验平台、病理学研究平台和 GCP/GLP 评价平台，实现资源优势互补，提升科研效率和研发水平。与中小型兽医实验室联合组建 2 000 家兽医服务工作站，业务拓展能力强。

目前，已为中粮、正大、金锣集团等特大型养殖企业提供了动物疫病检验检测服务，为养殖集团提升养殖水平、保障食品安全提供了有力工具。

3 发展前景

3.1 拉动产业升级，解决就业问题

在新冠肺炎和非洲猪瘟两个疫情背景下，利用 5G＋远程诊断的安全、高效、便捷优势，利用国内 10 万多名执业兽医师的庞大服务群体，实现兽医、牧场、实验室、药房的四方互联互通，预计可为超过 6 万名从业人员提供居家服务的就业模式，为养殖行业带来高生物安全保障的兽医服务，其社会价值和经济价值巨大。

3.2 流行病学预测，减少养殖户直接经济损失

通过大量的检测数据支持，可进行大规模流行病学预测，可有效减少和避免类似非洲猪瘟的产生，继而减少为养殖用户造成的直接经济损失。

3.3 通过名兽医诊疗体系的建立，创造直接经济价值

通过在线诊疗体系及应用项目的建立，有效减少养殖户为养殖动物的看病时长，增加动物成活率，减少直接经济损失。

3.4 建立诊断标准

今后 2～3 年内会取得智能数据分析突破，为牧场提供高质量服务，提高动物健康水平，保证牧场—餐桌的食品安全监护，生成猪病发展流行模拟图，可以快速预防疾病的发生。

方赞 FarmzAI 综合方案

北京挺好农牧科技有限公司

1 核心技术

1.1 精准监测

北京挺好农牧科技有限公司经营的传感器产品均为高精度，因为要有正确的数据分析，必须先要采集到准确的数据。此外也有高稳定性和高防护性的优点，同时也能在环境恶劣的养殖场景使用。

1.2 高兼容性

方赞系统可与不同品牌的设备、各种老旧与新型的常用通信设备兼容集成，接入统一系统，为可视化、一体化管理奠定了良好基础。

1.3 AI 数据分析能力

数据本身是没有帮助的，只有经过解读的、二次挖掘的、关联分析的，甚至可预测的数据，并且与经济效益可关联的数据才是有意义的。AI 分析数据为精准精确管理、减少人工等提供有效帮助。

1.4 AI 视觉识别

每个养殖场都有需要用人眼来观测、目测的指标。如猪只盘点、有无表观病症、有关生物安全的员工纪律操守监督等。监控室不可能一天 24h 盯着所有猪舍监控，且监控到的内容未必满足所有管理要求。挺好农牧通过 AI 视觉识别技术，可进行猪只视觉盘点、表观病症捕捉并报警、部分员工纪律操守的自动监督等，有效提升管理效率，提前预防不必要的损失。

2 应用效果

整体上达到降本增效的效果。比如，原来有些数据是目测、估算记录的，现在所有数据都是精准监测，只有监测的准确才能有针对性地进行优化。再比如，可及时发现问题，目前鸡舍所有数据都是在手机 App 和办公室电脑查看，有异常数据系统马上报警，这从主动去发现问题，变成了被告知有问题并马上去处理。最后，通过打通其他平台，实现了管理统一性，现场人员无须各种数据导出、生成和合并各种表格，向管理层报告，这为一线用户极大提高了便捷性。AI 视觉识别最主要是起到了自动捕捉异常并主动报警的作用，特别是疾病防控上，可以发现表观病症后及时采取措施，以便造成不必要的损失。

3 发展前景

（1）AI 数据分析、AI 视觉识别为养殖业未来 5 年内大力发展的领域。挺好农牧从 2015 年组建团队起，投身于对表观症状的动物疾病智能诊断，其中包含了大量的动物疾病数据库、诊断算法模型、AI 视觉分析、为诊断逻辑的数据关联性分析等。

（2）数据的精准监测、兼容集成、统一可视化管理是养殖业现阶段高速应用的领域，而挺好农牧在数据采集方案、高兼容性应用里已从 2019 年起率先推广，软硬件都具备成熟性、稳定性。

上述两件事情是智慧养殖必经之路，也是挺好农牧现在的业务板块和未来的发展方向。作为第一批智慧养殖解决方案提供者，相信挺好农牧可以为智能养殖的发展尽一份力。

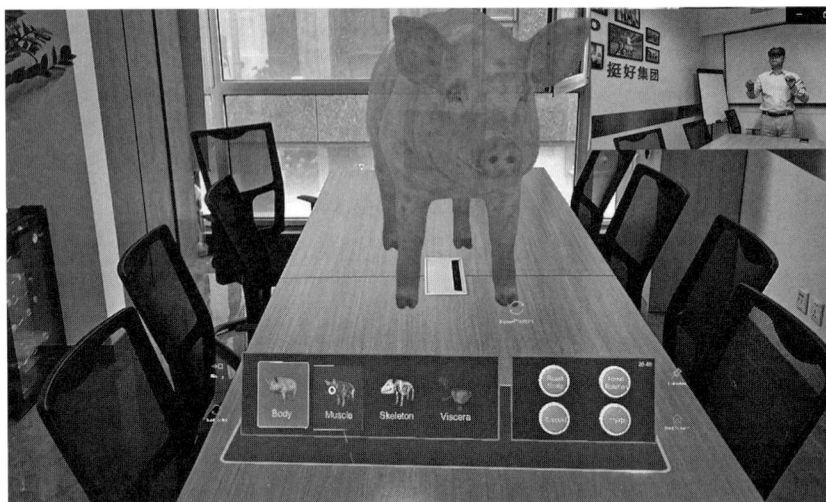

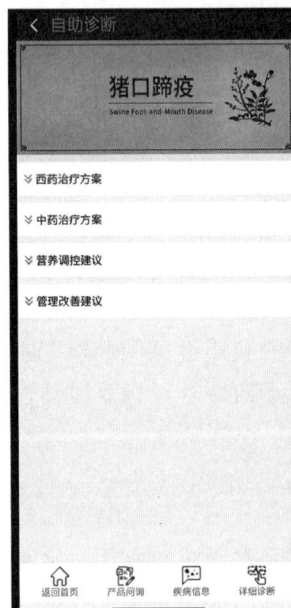

智慧畜牧兽医监管服务平台

———— 广州影子科技有限公司 ————

1 核心技术

智慧畜牧兽医监管服务平台是基于中台架构的整体技术方案，业务高效创新，统一中台服务为前台应用提供了丰富、全面的能力支撑。

中台：中台作为中台架构业务能力的直接承载者，分为业务中台、数据中台两大部分，以及分别对其提供技术支撑的技术中台和大数据平台。业务中台和应用的数据通过实时数据同步的方式汇集到数据中台，数据中台通过处理加工之后再提供对应接口给数据服务中心和前端应用进行调用，充分发挥大数据的业务价值。

应用：应用层主要职责是编排具体的中台服务能力，当中台不能满足业务需求时，扩展业务需要的相关信息，为前端提供业务支撑。应用的设计遵守"大中台、小前台"的要求。应用可以按模块划分相应独立的子域，当发现子域可以被其他应用复用时，可以考虑独立出来沉淀到中台。

应用与中台可以统称为后端，后端的架构采用分布式的微服务架构，让服务免去雪崩效应等容灾上的风险。同时，整体技术架构具备易扩展、易组合、易部署，可支持动态伸缩、精准监控，并且可以提供灰度发布等功能。通过各项基础中间件的能力，向应用层输送同步通信、异步通信、搜索引擎、分布式文件存储、分布式数据库、分布式缓存等能力。

2 应用效果

实现"一体两翼四能力"的平台系统 1 套，并实现数据实时、在线、统一。一体是指将所有的畜牧兽医业务管理系统/平台（融合动物产地检疫电子出证系统、家畜屠宰检疫电子出证系统、动物检疫溯源管理平台、生猪运输车辆管理平台、动物防疫物资信息管理系统、证章标志账务管理系统、畜禽无害化处理监管平台等）集成为一个畜牧兽医智慧监管服务平台系统。两翼是指建立系统安全体系（包含统一门户、统一用户、统一认证、统一权限、统一审计等）；建立系统开放应用体系。四能力是指移动互联能力（提供智慧养殖、智慧动检等移动互联服务）、物联互通能力（提供智能 IoT 如养殖场视频监控、猪只胴体档案信息灼刻、车辆运输监管等）、融合共享能力、智能决策能力。

为养殖企业/户、政府管理机构、官方兽医等不同角色的用户提供相关业务平台。

统一报表和代码。实现养殖档案及监管监测"一套表"，实现监管监测"一套数"，对养殖生产、贩运、销售、加工等经营单位实行备案信息统一管理，实行每一个经营单位全区联网"一个码"。

关联的数据相互校验，确保报表准确。生猪养殖、销售、检疫、调运、屠宰、无害化处理等各环节相关联的数据相互校验，对错误数据给予警示、矫正，保证报表准确。

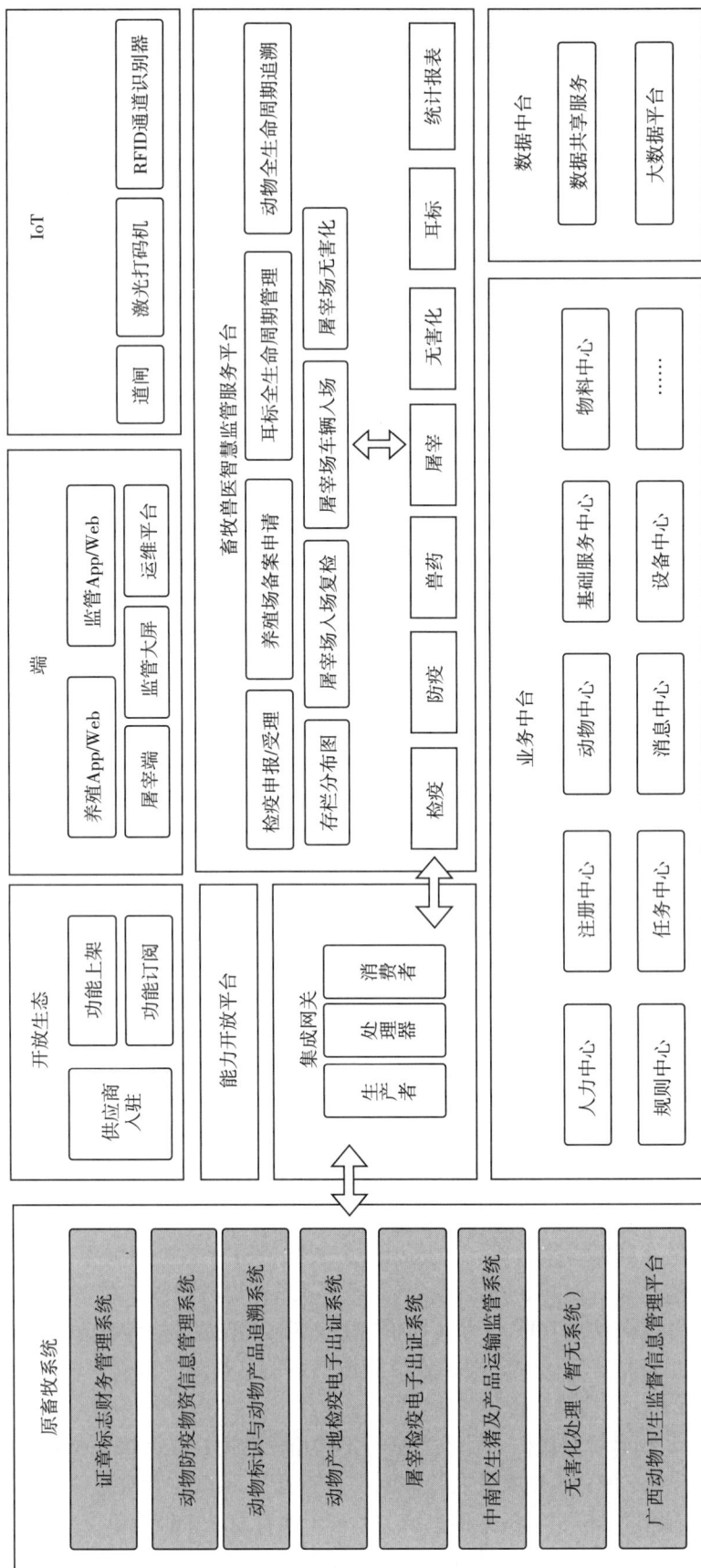

3 发展前景

围绕养殖生产数字升级，运用云计算、大数据、物联网、人工智能等技术，打造"一体两翼四能力"，将所有的畜牧兽医业务管理系统/平台集成为一个畜牧兽医智慧监管服务平台系统，实现数据实时、在线、统一。项目建成后，将成为第一个为全区提供电子耳标和电子检疫票贯穿生猪养殖、调运、流通、屠宰全生命周期管理，自动采集相关数据，为畜牧监管提供科学、准确的过程事实数据。解决生猪养殖、流通管理过程中的数据收集难、监管不全面、决策不科学、消费终端食品安全的溯源等问题。实现生猪从农场到餐桌的全程监管信息化和可追溯。

在民生上，通过实现养殖、车辆、物流、屠宰、超市全过程数据链路无缝衔接，确保平台上的数据实时准确，打造可信的食品安全追溯链，让百姓从此吃上放心肉、健康肉。

在监管上，为监管平台沉淀核心数字资产，为复杂严峻的监管形势提供科技信息支撑，实现准确把握猪只存栏数据，智能预测猪只出栏，有效掌握匹配市场供给需求，及时洞察养猪行业发展趋势，为养殖业金融、保险提供数据支持，并能通过智能算法，衍生相关的风控模型，赋能行业。

基于动物生命体征传感器技术的智能养殖与疫病预警的畜牧物联网系统

无锡市富华科技有限责任公司

1 背景概述

近 10 多年来，全球动物疫情不断爆发，如疯牛病、口蹄疫、禽流感，特别是近 2 年的非洲猪瘟等疫情，不仅给人们造成巨大的经济损失，而且给人类健康和生命安全带来了严重威胁。我公司自主研发的基于动物生命特征传感器技术的畜牧物联网系统实现了动物生命体征信息、行为监测与数据采集，建立生猪健康状态预警模型，进而实现在动物健康状态、疫情监控、食品安全溯源等重点领域中，为智能养殖和疾病预警提供了基础设施，加快了农村信息化、数字化在农业农村工作上的创新应用和推广。

本系统完全从国内的养猪实际出发，开发实时监测猪只最基本健康指标系统，实现成本最低，易推广，形成具有自主知识产权的养殖技术规范和标准。为推动智能畜牧养殖提供基础设施，加快了现代农业数字化、信息化进程，从而推动了我国数字农业的发展。

2 产品简介

该畜牧物联网系统由智能蓝牙耳标、智能网关、基于云平台大数据的生猪疾病预警系统组成。

利用蓝牙智能耳标实现行为分析和体温测量功能，通过高速采集的加速度传感器数据、耳标内置和 AI 算法分析出动物饮食、奔跑、行走、休息等行为状态。通过体温传感器的微封装技术，将体温传感器内置在耳标颈处获取猪的耳朵内部温度，利用内置 AI 算法能分析出动物饮食、奔跑、行走、休息等行为状态。

利用智能网关监听蓝牙智能耳标的数据信息并存储在智能网关中，通过 WLAN 或移动通信技术将数据上传云平台，同时将平台对蓝牙智能耳标的设置信息保存起来，智能蓝牙耳标可连接广播，适时将设置数据下传。智能网关还具有环境监测功能，可同时连接四路环境采集传感器，对猪场温湿度、氨氮含量等数据进行实时采集上传。

最后建立以物联网为基础的猪生物体征指数监测云平台和猪健康状态预警模型。将上述牲畜生命体征传感数据通过低功耗、低成本、易架设的物联网传输并存储到云数据中心平台。建立猪健康状态预警模型，利用云数据平台，根据数学模型实时分析，计算出猪个体健康状况，进行影响猪健康状态主要因素的筛选，建立猪健康状态预警模型，为猪舍管理智能系统的调控提供数据支撑。

3 技术创新点

本系统利用温度传感器、加速度传感器、低功耗蓝牙技术，通过内置 AI 算法智能耳标技术，对生猪体温、采食时间、运动量、活跃时间等参量的监测系统性研究，基于物联网开发建设，包括数据采集、传输网络、数据平台和终端查询四部分组成猪生命体征指数监测云平台，采集数据，集成分析，建立猪健康预警模型，针对主要生命体征参数（如体温和运动量等）分析各生理参数与猪生长效率和健康状态的相关性。本系统的创新点主要体现在研发的芯片使用 $0.18\mu m$ 芯片制造技术制造样片，能够达到测温精度$\pm0.1\,℃$，工作电流为 700nA，小于国外商业化生产的芯片，有利于与其他传感器和标签天线做系统集成封装。

行为分析依靠高速获取加速度传感的数据，通过与猪的行为建立神经网络算法，通过数据累计不断学习，提高神经网络算法的成功率，并通过算法选择将算法内置到传感器 CPU 中，以降低系统数据传输的吞吐量和节点性能。

建立猪健康状态预警模型，利用云数据平台，根据数学模型实时分析，计算出猪个体健康状况，对影响猪健康状态的主要因素进行筛选。对于主要生命体征参数，分析体温、采食量、运动量、活跃时间等与猪健康状态相关的信息，建立猪健康状态预警模型，为猪舍管理智能系统的调控提供数据支撑。

4 推广应用情况

我国的畜牧智能养殖还处于早期研究阶段，尚无成熟产品实现规模化应用，与我国畜牧业在世界规模排名第一不匹配，富华科技公司自主研发的基于动物生命体征传感器技术的畜牧物联网系统性能稳定，行业发展前景广阔。目前成功在市场上推广，受到广大用户（正邦集团、新希望集团、睿畜科技等）的好评反馈，产品将大批量推向海内外市场。目前国内典型应用项目有安徽涡阳农业物联网示范项目、无锡市农业物联网示范项目、江阴市农业物联网示范项目、上虞市农业物联网示范项目、阿拉善盟白绒山羊溯源管理平台、网易味央生猪养殖管理平台、鄂尔多斯市肉羊保险防伪管理平台、包头市肉羊保险防伪管理平台、锡林浩特市肉羊屠宰项目、鄂尔多斯市肉羊屠宰项目、云南德宏州互联网＋生态有机农业管理系统等，为数字农业工作进程起到了强大的推动作用。

无锡市富华科技有限责任公司拥有一支充满活力和创新能力的团队，时刻关注民生，致力于用畜牧业物联网技术，为智能养殖、疾病预警、畜牧业信息化、食品安全和溯源等应用领域提供基于 RFID、无线传感网络等物联网技术的解决方案。将物联网技术应用于提升农业现代化水平，为促进我国的农牧业数字化、信息化做出贡献。

5 经济效益

我国生猪保有量约计 7 亿头，本项目所研发的系统，行业发展前景广阔。随着现代畜牧业的智能化和精细化管理的发展，生猪行业将对本系统需求激增，该系统在国内外畜牧养殖领域都有极大的市场前景。预测本系统可实现智能耳标年生产能力 50 万套，智能网关年生产能力 5 000 套，覆盖动物 50 万只，形成产品年销售 800 万元，完成年利润税收 100 万元。

6 社会效益

（1）通过猪体温生命体征传感系统和健康预警系统的应用，降低我国养猪的成本，提高养殖企业经济效益，形成的精准化管理模式可在我国进行推广应用。

（2）通过建立猪健康状态预警模型，提升养猪场对疾病的预警，早发现、早诊断和早治疗，不仅能提升动物的福利水平，而且提升猪肉的品质，可获得更高的经济效益。

（3）本系统将物联网技术应用于提升农业现代化水平，将为促进我国的农牧业信息化做出贡献。树立我们在畜牧业信息化中的国际领先地位，成为现代科技改造传统农业产业的一个成功亮点。

附录

公　司　名　称

GALLAGHER	新西兰盖力格（GALLAGHER）集团
GEA	德国基伊埃集团
PIC	PIC 种猪改良国际集团
SAC	丹麦萨科挤奶设备公司
SCR	以色列 SCR 集团
阿菲金	阿菲金（中国）农业科技有限公司
阿牧网云	阿牧网云（北京）科技有限公司
艾佩克科技	广东艾佩克科技有限公司
爱思农-银合	北京中易银合科技有限公司 ISAGRI 爱思农集团
遨科智能	浙江傲科智能科技有限责任公司
傲农生物	福建傲农生物科技集团有限公司
奥特	广州奥特信息科技股份有限公司
北京农信数智	北京农信数智科技有限公司
北京深牧科技	北京深牧科技有限公司
勃林格	勃林格殷格翰动物保健有限公司
博诚鑫创	武汉博诚鑫创科技有限公司
不愁网	青岛不愁网信息科技有限公司
大北农	北京大北农科技集团股份有限公司
丰顿、南京丰顿	南京丰顿科技股份有限公司
富华科技	无锡市富华科技有限责任公司
国科诚泰	北京国科诚泰农牧设备有限公司
国科蓝海	北京国科蓝海科技有限公司
海波尔六和	山东海波尔六和育种有限公司
海辰博远	天津市海辰博远软件有限公司
海大集团	广东海大集团股份有限公司
海康威视	杭州海康威视数字技术股份有限公司
海利生物	上海海利生物技术股份有限公司
禾丰股份	禾丰食品股份有限公司
和牧兴邦	北京和牧兴邦网络技术有限公司
河南河顺	河南河顺自动化设备股份有限公司
河南牧巢科技	河南牧巢农牧科技有限公司
河南讯飞	河南省讯飞信息技术有限公司
荷德曼	荷德曼农业科技有限公司
华诚智能	深圳市华诚智能有限公司

华丽科技	江苏华丽智能科技股份有限公司
回盛生物	武汉回盛生物科技有限公司
惠企科技	惠州市惠企科技服务有限公司
慧怡科技	北京慧怡科技有限责任公司
家育集团	家育种猪集团
嘉吉	嘉吉投资（中国）有限公司
金河生物	金河生物科技股份有限公司
金新农	深圳市金新农科技股份有限公司
京鹏畜牧	北京京鹏环宇畜牧科技股份有限公司
鲸洋畜牧	安徽鲸洋畜牧科技有限公司
卡尤迪	卡尤迪生物科技有限公司
康尚生物	江苏康尚生物医疗科技有限公司
科创信达	青岛科创信达科技有限公司
科前生物	武汉科前动物生物制品有限责任公司
力之天	郑州力之天农业科技有限公司
利拉伐	利拉伐（天津）有限公司
辽宁省鑫源温控	辽宁省鑫源温控技术有限公司
美特亚	重庆美特亚智能科技有限公司
米文动力	北京米文动力科技有限公司
默沙东动保	默沙东动物保健品（上海）有限公司
牧原	牧原食品股份有限公司
奶业之星	北京向中智牧科技有限公司
南京慧牧	南京慧牧科技有限公司
南商科技	河南南商科技有限公司
农信互联集团	北京农信互联科技集团有限公司
普惠农牧	普惠农牧融资担保有限公司
普莱柯	普莱柯生物工程股份有限公司
普立兹	江苏普立兹智能系统有限公司
齐尚盛祥	江西齐尚盛祥科技有限公司
青岛德兴源	青岛德兴源机械有限公司
青岛联海兴业	青岛联海兴业信息科技有限公司
青岛小巨人	青岛小巨人畜牧设备有限公司
瑞昂畜牧	瑞昂畜牧科技有限公司
瑞东农牧	瑞东农牧（山东）有限责任公司
瑞普生物	天津瑞普生物技术股份有限公司
睿保乐	睿保乐（上海）实业发展有限公司
睿畜科技	成都睿畜电子科技有限公司
润农科技	深圳市润农科技有限公司
山东施密特	山东施密特热能设备有限公司
山东众润	山东众润机械有限公司
上海麦汇信息	上海麦汇信息科技有限公司
上海润牧	上海润牧机电设备有限公司
申联生物	申联生物医药（上海）股份有限公司

深圳慧农科技	深圳市慧农科技有限公司
沈阳西牧	沈阳西牧物联网技术有限公司
生物股份	金宇生物技术股份有限公司
渑池鑫地牧业	渑池鑫地牧业有限公司
双汇发展	河南双汇投资发展股份有限公司
斯维垦	斯维垦智能科技（深圳）有限公司
四川德康	四川德康农牧集团有限公司
唐人神	唐人神集团
天邦股份	天邦食品股份有限公司
天康生物	天康生物股份有限公司
天兆猪业	四川天兆猪业股份有限公司
铁骑力士	四川铁骑力士食品有限责任公司
挺好农牧	北京挺好农牧科技有限公司
微猪科技	福州微猪信息科技有限公司
蔚蓝生物	青岛蔚蓝生物股份有限公司
厦门物通博联	厦门物通博联网络科技有限公司
小龙潜行	北京小龙潜行科技有限公司
新牛人	北京历源金成科技有限公司
新希望	新希望集团有限公司
亚达·艾格威	亚达-艾格威公司
烟台艾睿光电	烟台艾睿光电科技有限公司
扬翔股份	广西扬翔股份有限公司
一牧云	一牧科技（北京）有限公司
英孚克斯	成都英孚克斯科技有限公司
影子科技	广州影子科技有限公司
云浮市物联网研究院	云浮市物联网研究院
正奥集团	张家口正奥新农业集团有限公司
正邦科技	江西正邦科技股份有限公司
智农农科	石家庄智农农业科技有限公司
智维电子	广州智维电子科技有限公司
中宠股份	烟台中宠食品股份有限公司
中恒国科	深圳市中恒国科信息技术有限公司
中科基因	北京中科基因技术股份有限公司
中牧股份	中牧实业股份有限公司
中农创达	中农创达环保科技有限公司
中正惠测	江苏中正惠测科技有限公司

图书在版编目（CIP）数据

2022 年中国智能畜牧业发展报告 / 中国畜牧业协会编. —北京：中国农业出版社，2022.7
ISBN 978-7-109-29685-5

Ⅰ.①2… Ⅱ.①中… Ⅲ.①人工智能－应用－畜牧业－产业发展－研究报告－中国－2022 Ⅳ.①F326.3-39

中国版本图书馆 CIP 数据核字（2022）第 121033 号

2022 年中国智能畜牧业发展报告
2022 NIAN ZHONGGUO ZHINENG XUMUYE FAZHAN BAOGAO

中国农业出版社出版
地址：北京市朝阳区麦子店街 18 号楼
邮编：100125
责任编辑：神翠翠　文字编辑：刘金华
版式设计：杨　婧　责任校对：刘丽香
印刷：中农印务有限公司
版次：2022 年 7 月第 1 版
印次：2022 年 7 月北京第 1 次印刷
发行：新华书店北京发行所
开本：889mm×1194mm　1/16
印张：12.75
字数：400 千字
定价：68.00 元